JN046726

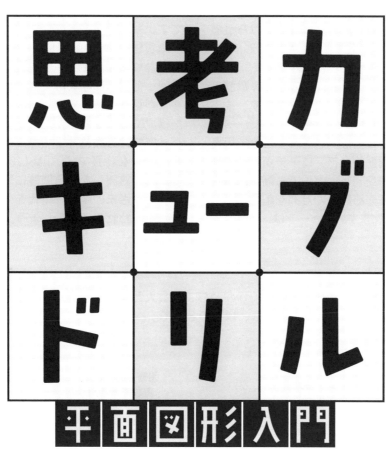

思考力キューブドリル

平面図形入門

花まる学習会
高濱正伸　水口 玲

はじめに

子どもが将来、厳しい社会を生き抜いていくために、身につけたい力が"思考力"です。思考力は、集中した反復演習さえ行えば身につけられる「計算問題」ではなく、「文章題」や「図形問題」を解くことによって養うことができます。

そこで、2007年に発刊されたのが「算数脳ドリル　立体王」（Gakken刊）シリーズです。立方体を組み合わせたできたブロック教材"キューブ"を使って、遊びながら図形問題を解くことで思考力を養う、という画期的なアプローチが好評を博し、これまでに8冊を刊行。中国でも翻訳出版され、シリーズ累計実売部数100万部を超える大ベストセラーとなっています。キューブは、「思考力」「国語力」「野外体験」を重視した、幼児〜小学生向けの学習教室・花まる学習会のオリジナル教材です。

本書は、「算数脳ドリル　立体王」の新シリーズになります。キューブを自分の手で作り、それを使って図形問題を解く形式はそのままに、お子さまが意欲を持って取り組めることをより意識した構成にしました。また、立体感覚の基礎固めにうってつけの教材「アイキューブ」を使用する点も、大きな特長です。「楽しい！」と夢中になって、試行錯誤しながら問題に取り組んだ思考経験は、お子さまの中に"時代を生き抜く力"として根強く培われることでしょう。

思考力とは？

自分で考える力のこと。全科目に大きくかかわり、社会人として生き抜くうえで役立つ基礎能力でもあります。本書で身につけられる思考力は、以下の8つです。

①空間認識力	②図形センス	③試行錯誤力	④発見力
三次元のイメージを自在にできる力	補助線が浮かぶ力	鉛筆を動かして実験できる力	カギや規則、アイデアを見出す力
⑤論理力	⑥精読力	⑦要約力	⑧意志力
論理のステップを正しく踏む力	一字一句抜けなく読み取る力	要するに何が言いたいかを読み取る力	自力で最後までやり抜く力

思考力が身につく3つのSTEP

本書がほかのドリルと大きく異なるのは、自分の手でキューブを作り、頭だけでなく、手も使って問題を解くという点です。キューブを使って、実際の答えを視覚的に確認できる点も、思考力を定着させるのに非常に役立ちます。

STEP1 作る
自分で展開図を組み立ててキューブを作る。平面図形を立体としてとらえる力がアップ！

STEP2 解く
頭と同時に手（キューブ）も使って、図形問題を解く。試行錯誤をくり返す経験が、思考力をアップ！

STEP3 確認する
キューブを使って、答えを導き出す過程を確認する。問題への理解が深まり、定着度もアップ！

本書の使いかた

問題の通し番号です。8種類、全66問収録しています

問題のレベルを星の数で5段階表示しています

問題に取り組んだ日付を記入します

問題で使うキューブや答えの候補となるキューブを示してあります

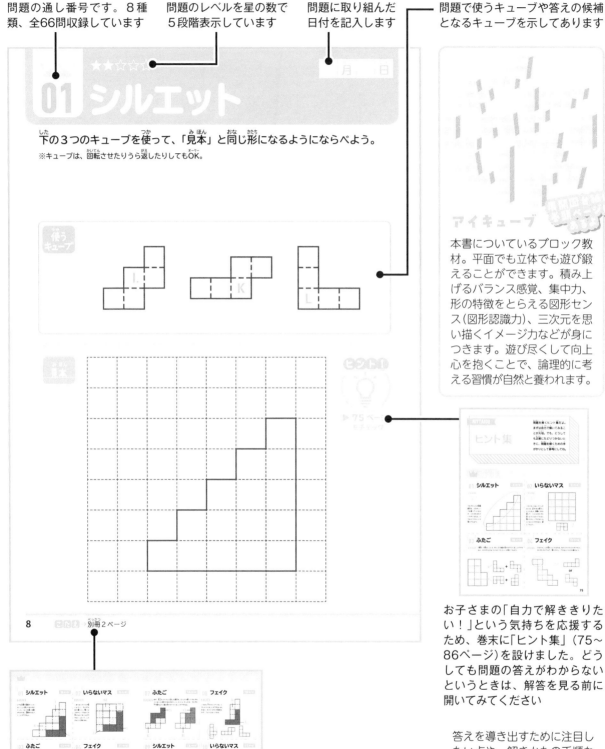

★★☆☆☆

月　　　日

01 シルエット

下の3つのキューブを使って、「見本」と同じ形になるようにならべよう。
※キューブは、回転させたりうら返したりしてもOK。

使うキューブ

I.　K　L

ヒント！

▶ 75 ページヒントチェック

8　こたえ　別冊2ページ

アイキューブ

本書についているブロック教材。平面でも立体でも遊び鍛えることができます。積み上げるバランス感覚、集中力、形の特徴をとらえる図形センス(図形認識力)、三次元を思い描くイメージ力などが身につきます。遊び尽くして向上心を抱くことで、論理的に考える習慣が自然と養われます。

お子さまの「自力で解ききりたい！」という気持ちを応援するため、巻末に「ヒント集」(75～86ページ)を設けました。どうしても問題の答えがわからないというときは、解答を見る前に開いてみてください

答えを導き出すために注目したい点や、解きかたの手順などを記載しています。自力で解く経験の積み重ねによって、自然と発見力、論理力、意志力などが養われます。

解答は、取り外しができる別冊に収録されています。答えのみではなく、解説もついているので、問題への理解がより深まります。キューブを使って答えを確認することで、定着度もさらにアップします

キューブのつくりかた・あそびかた

用意するもの

・アイキューブ展開図台紙（4まい）
　※この本の最初のページにあるよ！

・はさみ

・セロハンテープ

・強力な接着ざい（木工用など）

つくりかた

1 アイキューブ展開図台紙から、ミシン目にそってパーツを切り取ろう。

2 折り目がついている部分を山折りにして、辺と辺が合わさる部分をセロハンテープでとめて組み立てよう。セロハンテープは、はさみなどで適当な長さにカットしてね。

組み立てると……

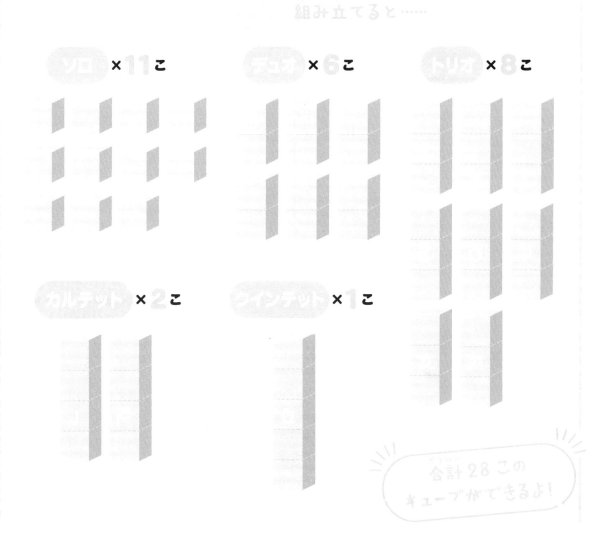

ソロ ×**11**こ　　デュオ ×**6**こ　　トリオ ×**8**こ

カルテット ×**2**こ　　クインテット ×**1**こ

合計28この
キューブができるよ！

3 でできた 28 このキューブを使って、アイキューブをつくろう。下の図と、キューブについているH〜Sのしるしを参考にしてね。キューブどうしは、接着ざいを使ってくっつけるよ。

くっつけると……

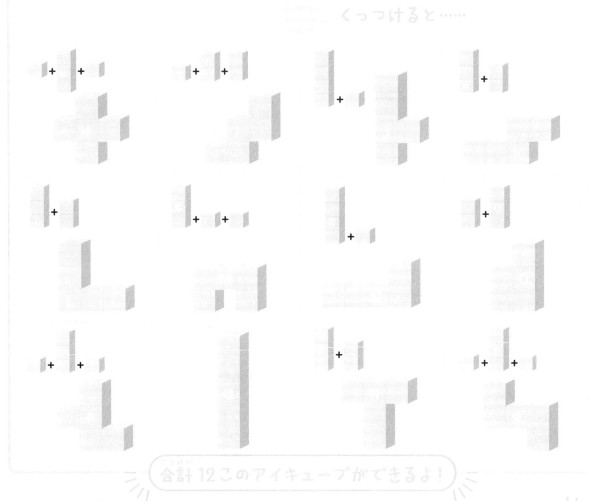

合計12このアイキューブができるよ！

使いかた

● 問題を解く際に、実際に手でさわって動かしてみよう。

● こたえを再現・確認するときに使おう。

チャレンジ！

8×8マスの中に、12このアイキューブをしきつめてみよう。できるかな？

※右の図のように、8×8マスのどこか4マスだけ空きマスができるよ。

※空きマスは、まんなかだけとはかぎらないよ。

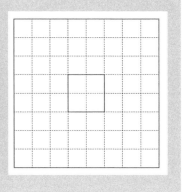

「通り道シート」とセットで使うと◎

Step 2にある「通り道」問題で、キューブを移動させるときには、87ページにある「通り道シート」を使おう。ほかの問題でキューブを動かすときや、左のチャレンジ問題に取り組むときも、ガイド線として使うと便利だよ。

もくじ

Step 1

平面の図形センスを身につける!

Step 1では、基本の平面図形問題をくり返し解くことで、形の特ちょうをとらえる図形センスや試行錯誤力をきたえます。

はじめる前に

Step 1の問題を解く前に、巻頭にある「アイキューブ」を組み立てておこう。つくりかたは、4〜5ページの「キューブのつくりかた＆使いかた」を参考にしてね。

準備するもの

アイキューブ……全12こ

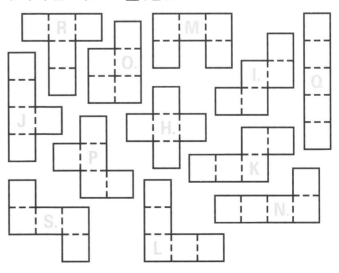

01 シルエット

下の３つのキューブを使って、「見本」と同じ形になるようにならべよう。

※キューブは、回転させたりうら返したりしてもOK。

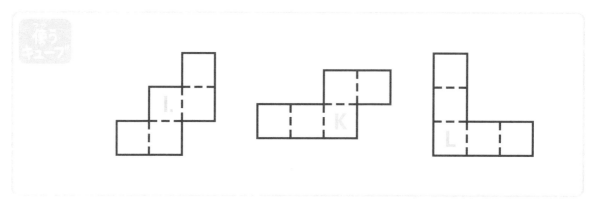

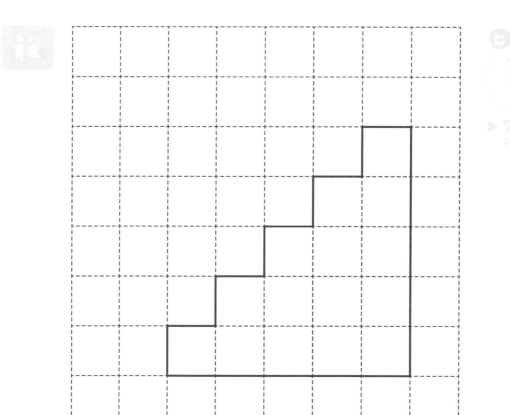

▶ 75 ページ

02 いらないマス

下の３つのキューブを、「見本」と同じ形にならべたとき、いらないマスは①〜③のどれ？

※キューブは、回転させたりうら返したりしてもOK。

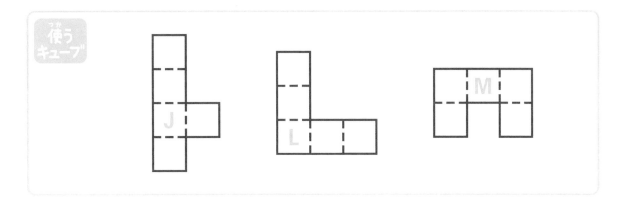

使う
キューブ

J

L

M

見本

ヒント！

▶75ページ
をチェック

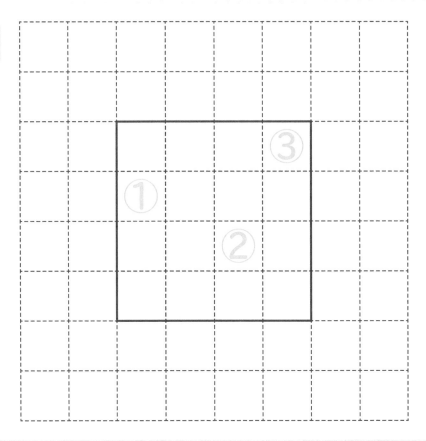

03 ふたご

下の４つのキューブを使って、「見本」にあるような形も大きさも同じ "ふたご" をつくろう。

※キューブは、回転させたりうら返したりしてもOK。

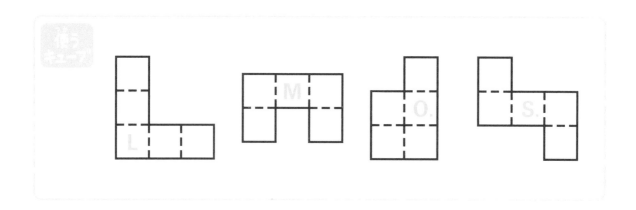

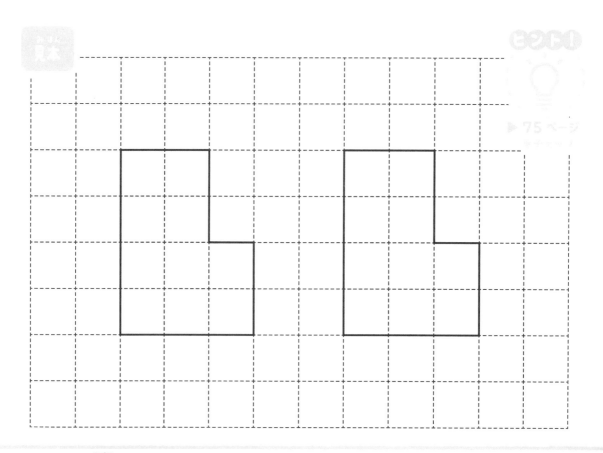

▶75ページ

04 フェイク

下にあるキューブを使って「見本」と同じ形をつくるとき、使うとつくることができない"フェイク"のキューブが1つあるよ。フェイクのキューブはどれ？

※キューブは、回転させたりうら返したりしてもOK。

使う
キューブ

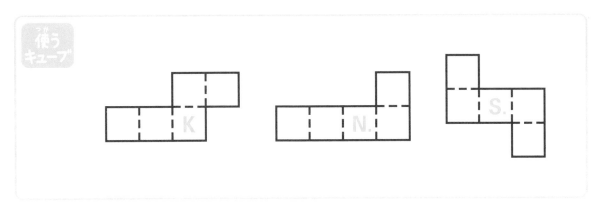

K

N.

S.

見本

▶75 ページ
モチック

05 シルエット

下の４つのキューブを使って、「見本」と同じ形になるようにならべよう。

※キューブは、回転させたりうら返したりしてもOK。

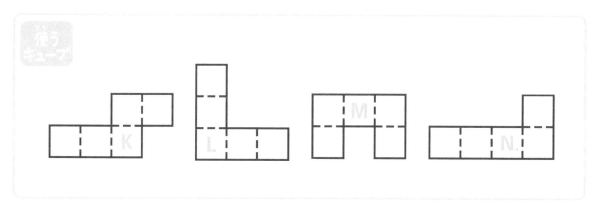

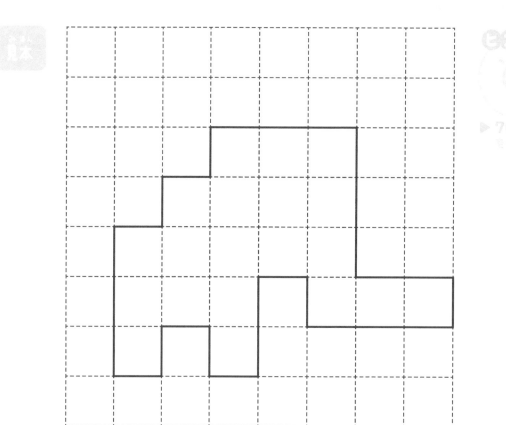

▶76ページ

06 いらないマス

下の３つのキューブを、「見本」と同じ形にならべたとき、いらないマスは①～③のどれ？

※キューブは、回転させたりうら返したりしてもOK。

使う
キューブ

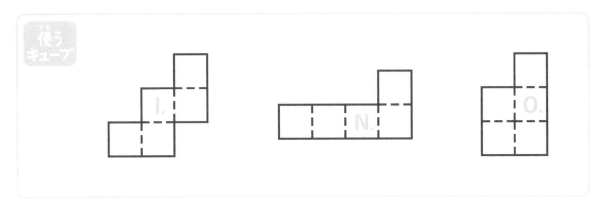

見本

ヒント！

▶ 76 ページ
をチェック

①

②

③

07 ふたご

★★☆☆☆

下の4つのキューブを使って、「見本」にあるような形も大きさも同じ "ふたご" をつくろう。

※キューブは、回転させたりうら返したりしてもOK。

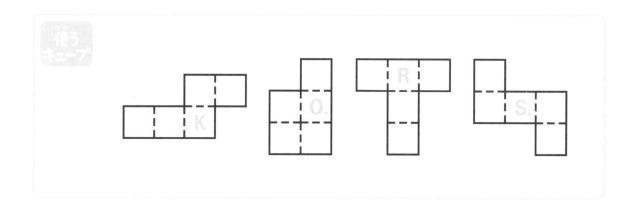

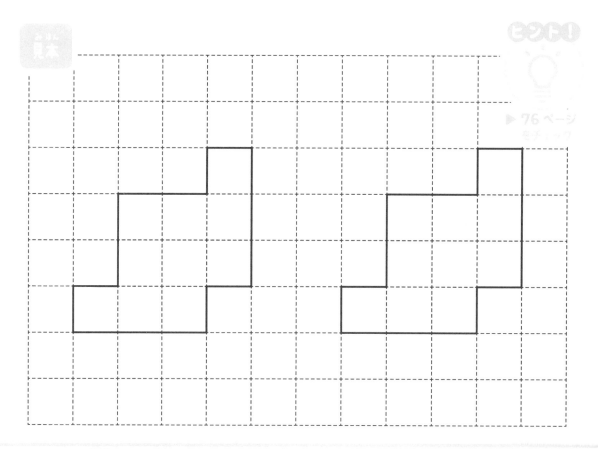

▶ 76ページ

 こたえ → 別冊3ページ

08 フェイク

★★☆☆☆

下にあるキューブを使って「見本」と同じ形をつくるとき、使うとつくることができない "フェイク" のキューブが1つあるよ。フェイクのキューブはどれ？

※キューブは、回転させたりうら返したりしてもOK。

使うキューブ

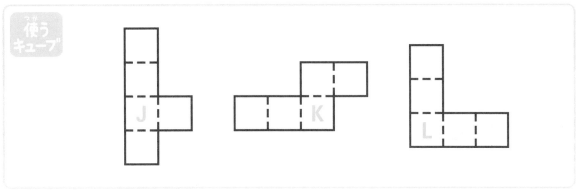

J　K　L

見本

▶ 76 ページ
モチェック

09 シルエット

下の４つのキューブを使って、「見本」と同じ形になるようにならべよう。

※キューブは、回転させたりうら返したりしてもOK。

※白いマスには、キューブは入らないよ。

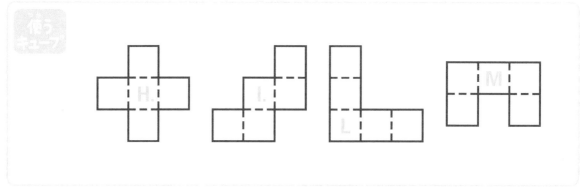

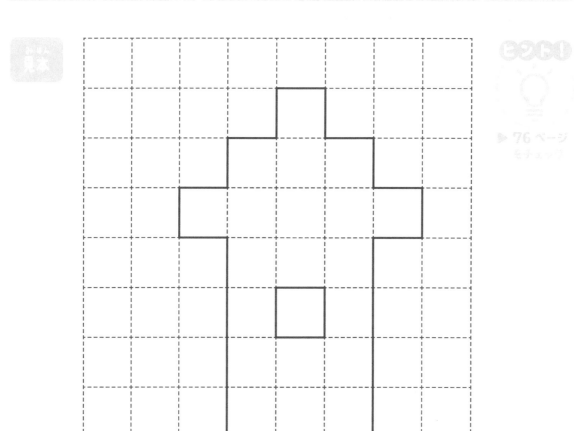

10 いらないマス

下の３つのキューブを、「見本」と同じ形にならべたとき、いらないマスは①〜③のどれ？

※キューブは、回転させたりうら返したりしてもOK。

 使う
キューブ

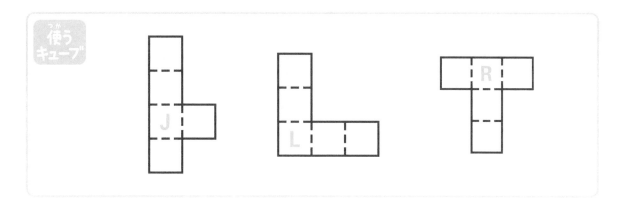

見本

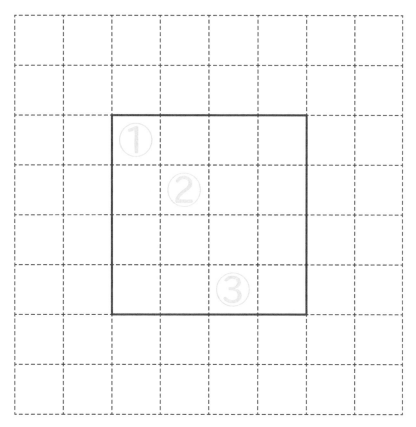

▶ 76 ページ
モデック

11 ふたご

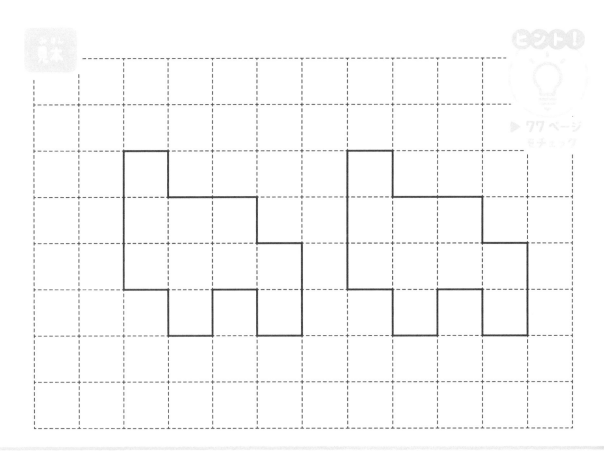

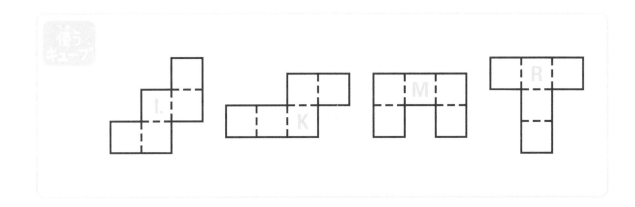

下の4つのキューブを使って、「見本」にあるような形も大きさも同じ"ふたご"をつくろう。

※キューブは、回転させたりうら返したりしてもOK。

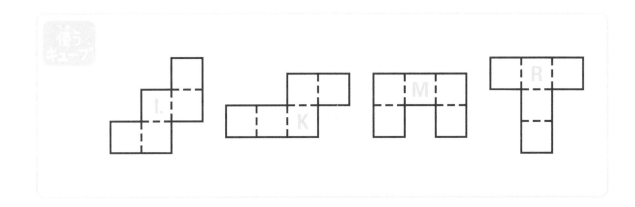

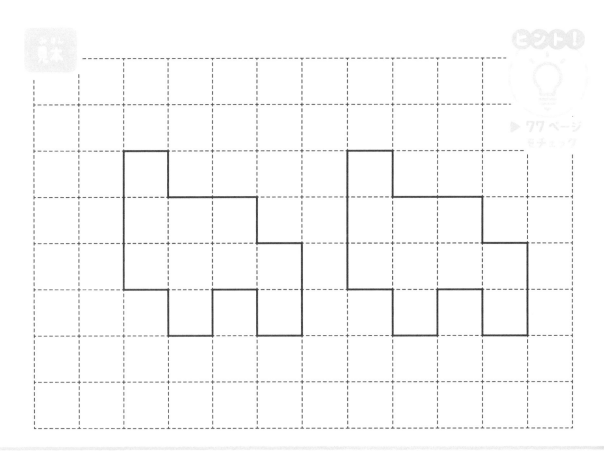

▶ 77ページ
をチェック

こたえ→別冊3ページ

12 フェイク

★★★☆☆

下にあるキューブを使って「見本」と同じ形をつくるとき、使うとつくることができない "フェイク" のキューブが1つあるよ。フェイクのキューブはどれ？

※キューブは、回転させたりうら返したりしてもOK。

使うキューブ

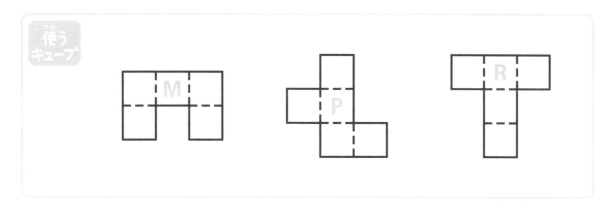

見本

▶ 77ページ
をチェック

13 シルエット

下の５つのキューブを使って、「見本」と同じ形になるようにならべよう。

※キューブは、回転させたりうら返したりしてもOK。

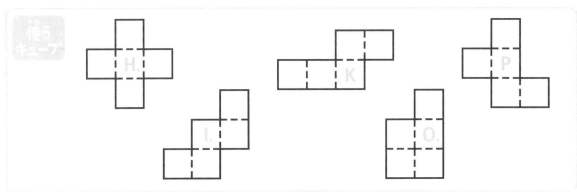

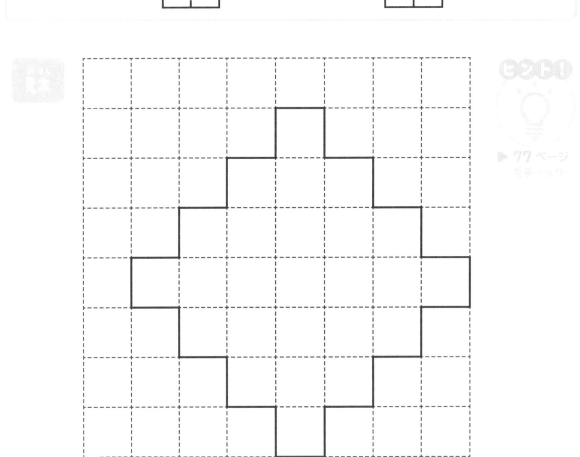

▶ 77 ページ
モチーフ

14 いらないマス

下の３つのキューブを、「見本」と同じ形にならべたとき、いらないマスは
①〜③のどれ？

※キューブは、回転させたりうら返したりしてもOK。

**使う
キューブ**

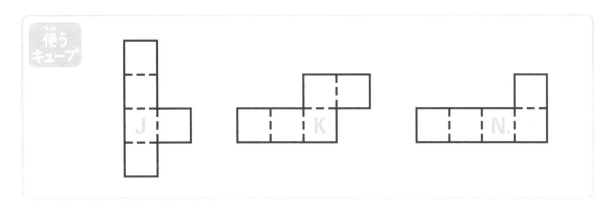

J

K

N.

見本

①②

③

ヒント！

▶ 77 ページ
をチェック

15 ふたご

下の6つのキューブを使って、「見本」にあるような形も大きさも同じ "ふたご" をつくろう。

※キューブは、回転させたりうら返したりしてもOK。

※白いマスには、キューブは入らないよ。

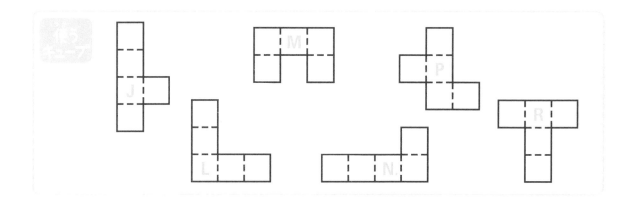

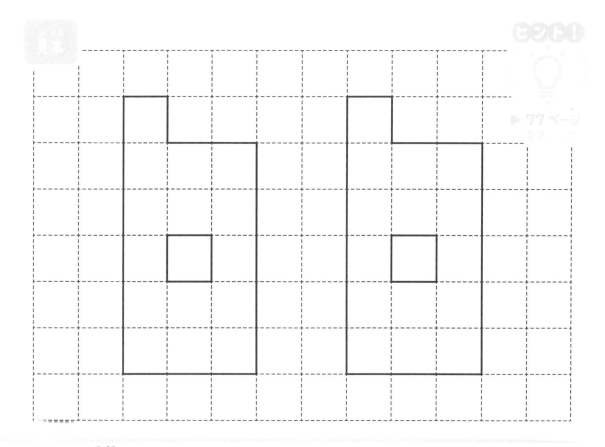

▶ 77ページ

16 フェイク

下にあるキューブを使って「見本」と同じ形をつくるとき、使うとつくることができない "フェイク" のキューブが1つあるよ。フェイクのキューブはどれ？

※キューブは、回転させたりうら返したりしてもOK。

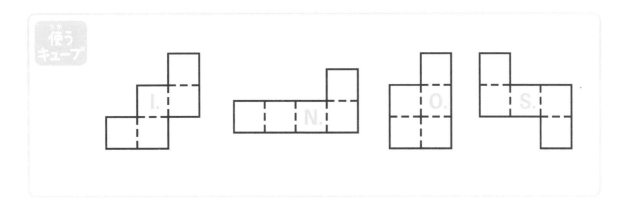

▶ 77ページ

17 シルエット

下の５つのキューブを使って、「見本」と同じ形になるようにならべよう。

※キューブは、回転させたりうら返したりしてもOK。

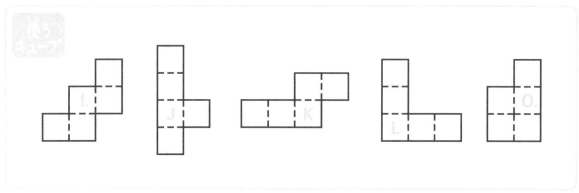

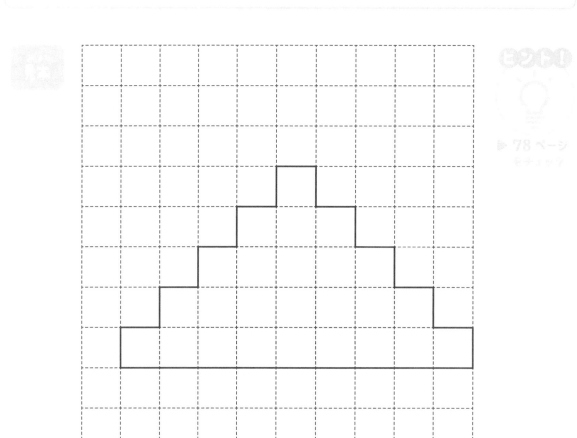

▶ 78 ページ

18 いらないマス

下の３つのキューブを、「見本」と同じ形にならべたとき、いらないマスは①〜③のどれ？

※キューブは、回転させたりうら返したりしてもOK。

 使うキューブ

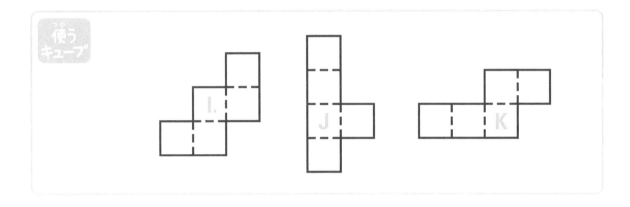

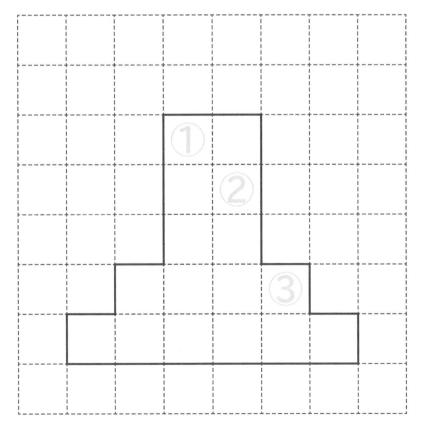

見本

ヒント！

▶ 78 ページをチェック

19 ふたご

下の6つのキューブを使って、「見本」にあるような形も大きさも同じ"ふたご"をつくろう。

※キューブは、回転させたりうら返したりしてもOK。

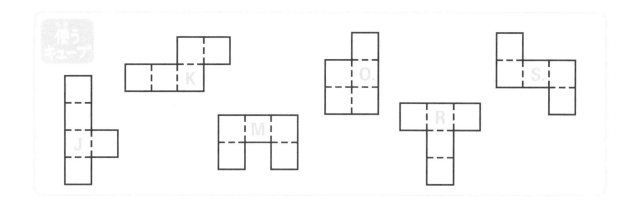

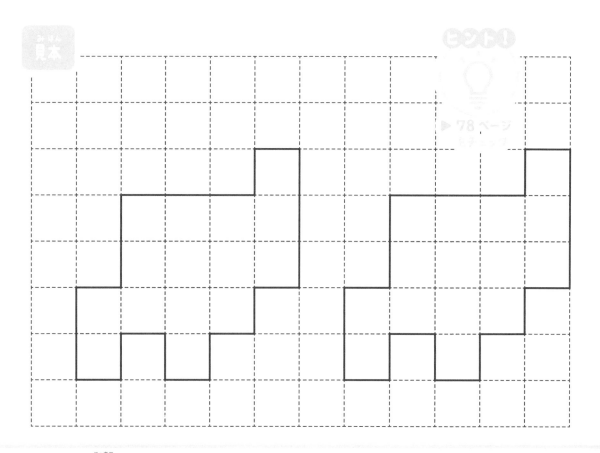

こたえ→別冊5ページ

20 フェイク

下にあるキューブを使って「見本」と同じ形をつくるとき、使うとつくることができない"フェイク"のキューブが1つあるよ。フェイクのキューブはどれ？

※キューブは、回転させたりうら返したりしてもOK。

使うキューブ

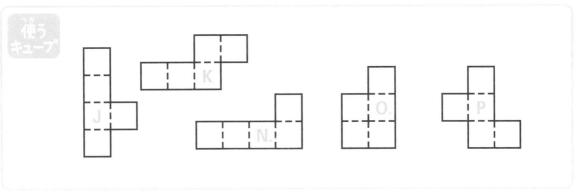

J　K　N　O　P

見本

ヒント！

▶ 78 ページ
モチェック

21 シルエット

下の6つのキューブを使って、「見本」と同じ形になるようにならべよう。

※キューブは回転させたりうら返したりしてもOK。

※Lは、「見本」の位置に入るよ。

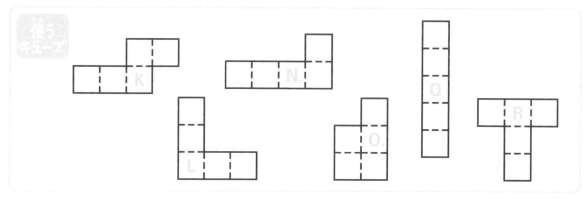

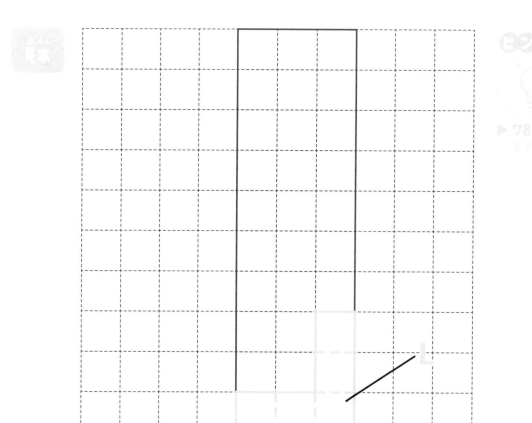

▶ 78 ページ

22 いらないマス

下の３つのキューブを、「見本」と同じ形にならべたとき、いらないマスは
①～③のどれ？

※キューブは、回転させたりうら返したりしてもOK。

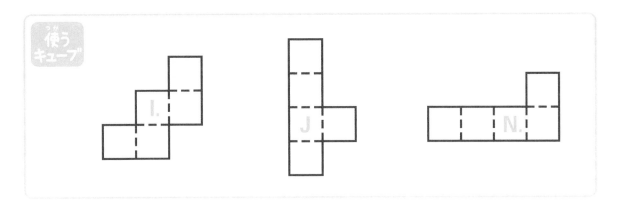

使う
キューブ

I.　J　N.

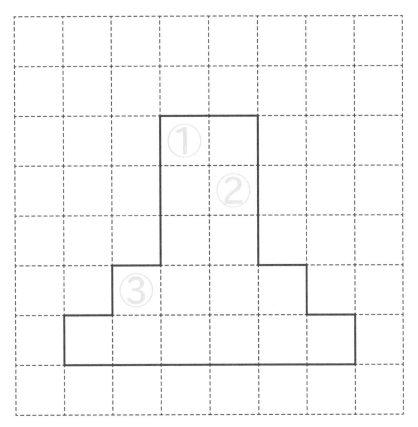

見本

ヒント！

▶ 78 ページ
をチェック

23 ふたご

下の6つのキューブを使って、「見本」にあるような形も大きさも同じ "ふたご" をつくろう。

※キューブは、回転させたりうら返したりしてもOK。

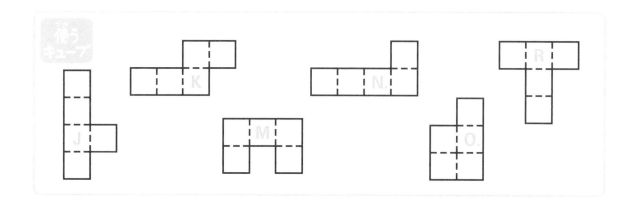

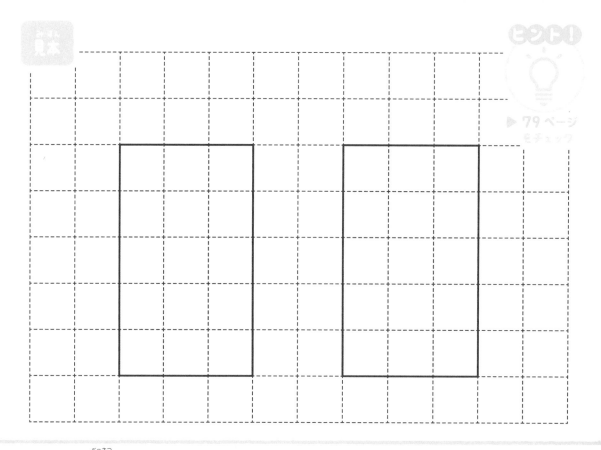

▶ 79ページ
をチェック

24 フェイク

下にあるキューブを使って「見本」と同じ形をつくるとき、使うとつくることができない"フェイク"のキューブが1つあるよ。フェイクのキューブはどれ？

※キューブは、回転させたりうら返したりしてもOK。

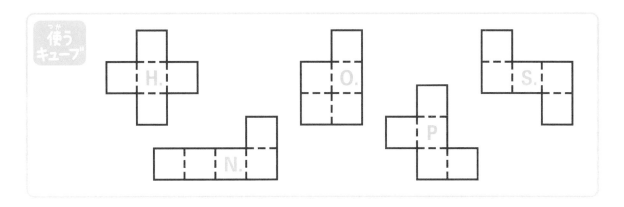

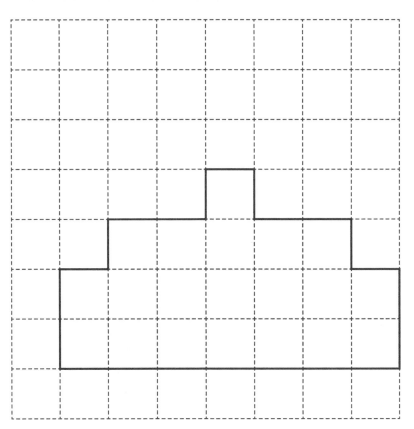

▶ **79 ページ**
をチェック

25 シルエット

下の6つのキューブを使って、「見本」と同じ形になるようにならべよう。

※キューブは、回転させたりうら返したりしてもOK。

※白いマスには、キューブは入らないよ。

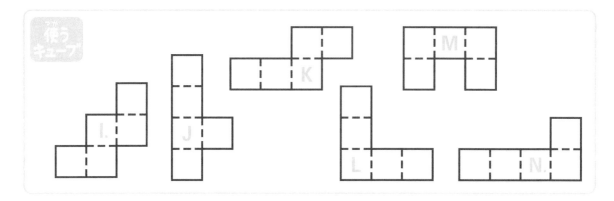

使うキューブ

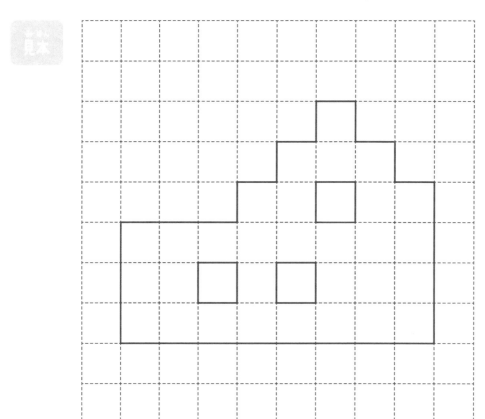

見本

ヒント！

▶79ページ

26 いらないマス

★★★★★

下の3つのキューブを、「見本」と同じ形にならべたとき、いらないマスは
①～③のどれ？

※キューブは、回転させたりうら返したりしてもOK。

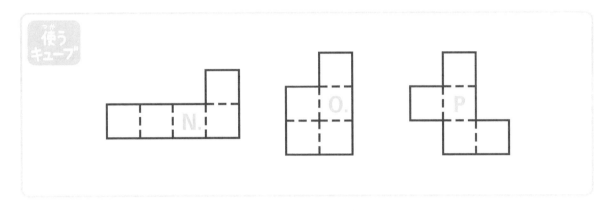

使う
キューブ

N.　O.　P

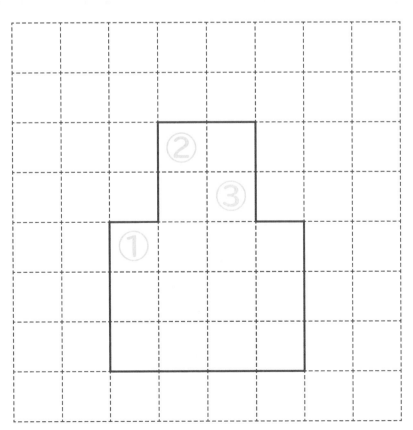

見本

ヒント！
▶79ページ
をチェック

月　　　日

下の6つのキューブを使って、「見本」にあるような形も大きさも同じ"ふたご"をつくろう。

※キューブは、回転させたりうら返したりしてもOK。
※白いマスには、キューブは入らないよ。

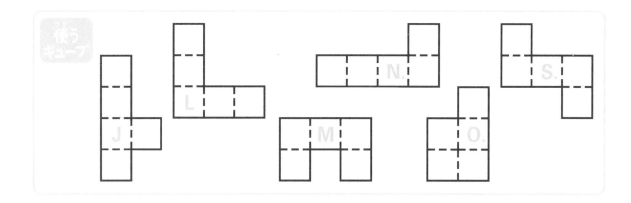

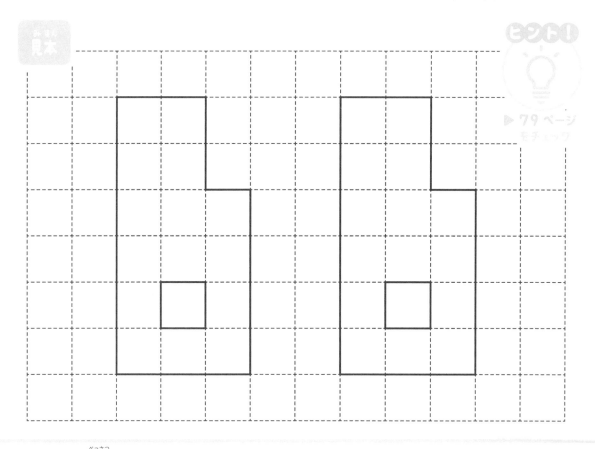

▶ 79ページ
をチェック

28 フェイク

下にあるキューブを使って「見本」と同じ形をつくるとき、使うとつくることができない "フェイク" のキューブが1つあるよ。フェイクのキューブはどれ？

※キューブは、回転させたりうら返したりしてもOK。

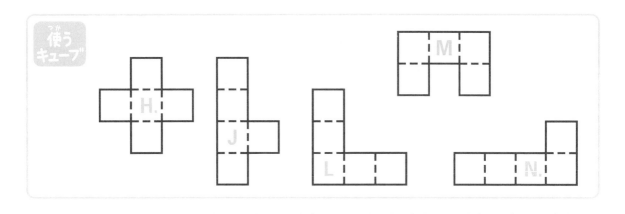

使うキューブ

H.　J　L　M　N.

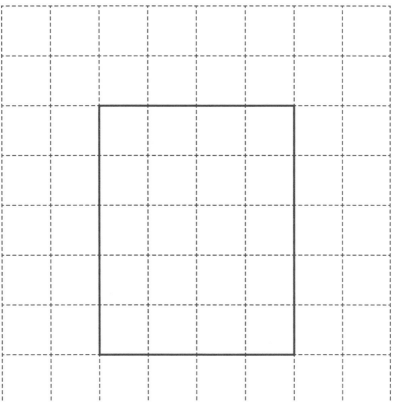

見本

ヒント！

▶ 79 ページ をチェック

29 シルエット

下の8つのキューブを使って、「見本」と同じ形になるようにならべよう。

※キューブは、回転させたりうら返したりしてもOK。

※LとQは、「見本」の位置に入るよ。

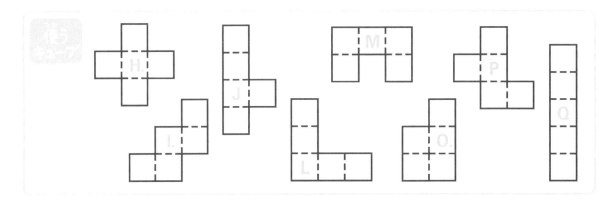

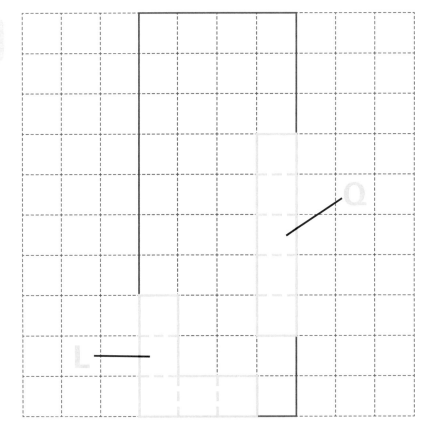

30 いらないマス

下の３つのキューブを、「見本」と同じ形にならべたとき、いらないマスは
①～③のどれ？

※キューブは、回転させたりうら返したりしてもOK。

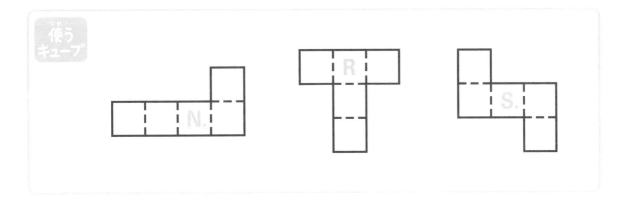

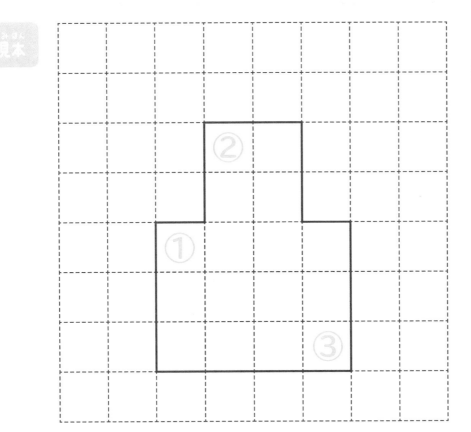

▶ 80ページ
をチェック

31 ふたご

月　　日

下の6つのキューブを使って、「見本」にあるような形も大きさも同じ"ふたご"をつくろう。

※キューブは、回転させたりうら返したりしてもOK。

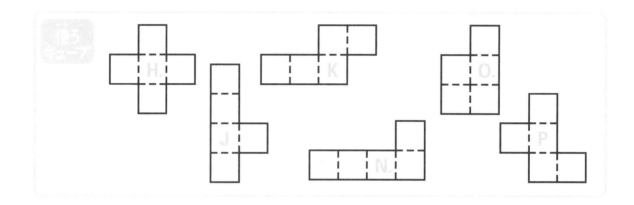

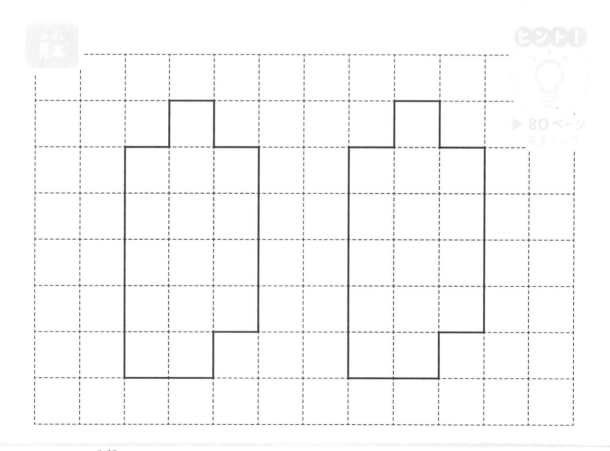

38

32 フェイク

下にあるキューブを使って「見本」と同じ形をつくるとき、使うとつくることができない "フェイク" のキューブが1つあるよ。フェイクのキューブはどれ？

※キューブは、回転させたりうら返したりしてもOK。

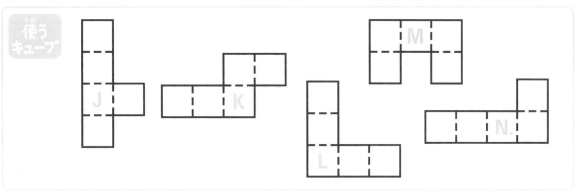

使うキューブ

見本

ヒント！

▶ 80ページをチェック

33 シルエット

下の9つのキューブを使って、「見本」と同じ形になるようにならべよう。

※キューブは、回転させたりうら返したりしてもOK。

※KとQは、「見本」の位置に入るよ。

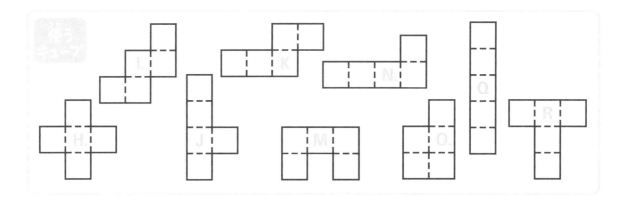

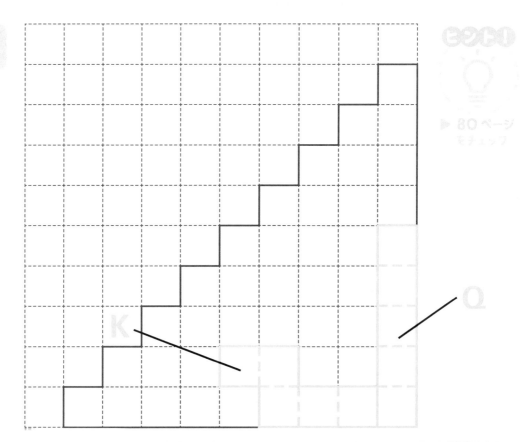

Step2

思考の基礎力を身につける！

Step2 では、レベルアップした平面図形問題にチャレンジ！　手がかりを見つける力やすじ道を立てて考える力をきたえます。

準備するもの

● アイキューブ……全12こ

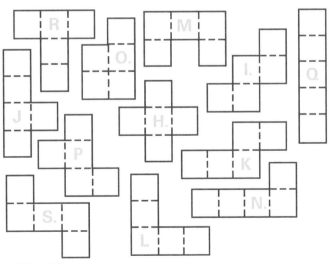

● 通り道シート（87 ページ）……1 まい

34 しきつめ

ある1種類のキューブを何こか使ってしきつめたとき、「見本」と同じ形を
つくることができるキューブは、下の4つのうちどれ？

※キューブは、回転させたりうら返したりしてもOK。

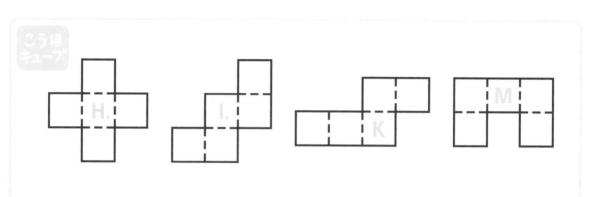

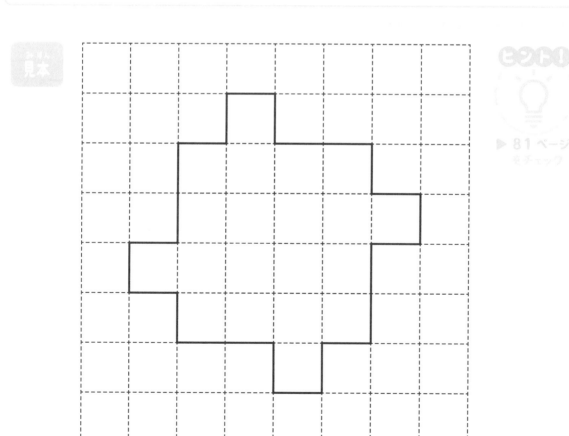

こたえ→別冊8ページ

35 通り道

下のキューブを、「見本」のように置き、点線のわくにピッタリそわせるようにして1周させよう。通った道の形は、①〜③のどれ？

※1周させるとき、キューブは回転させないこと。

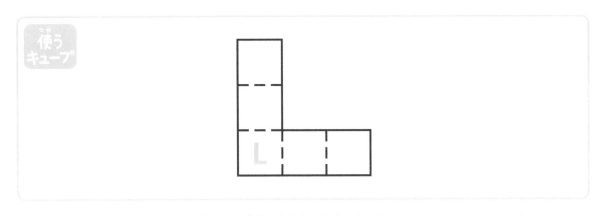

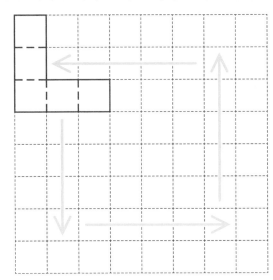

▶ 81 ページ
をチェック

① 　② 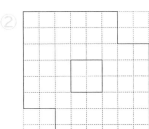　③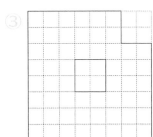

月　　日

36 三つ子

下の6つのキューブを使って、「見本」にあるような形も大きさも同じ "三つ子" をつくろう。

※キューブは、回転させたりうら返したりしてもOK。

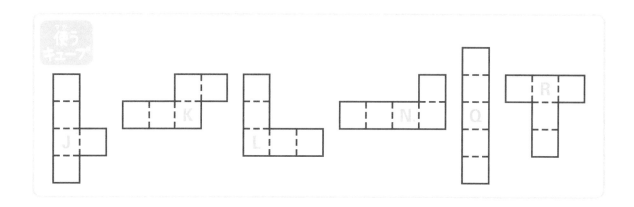

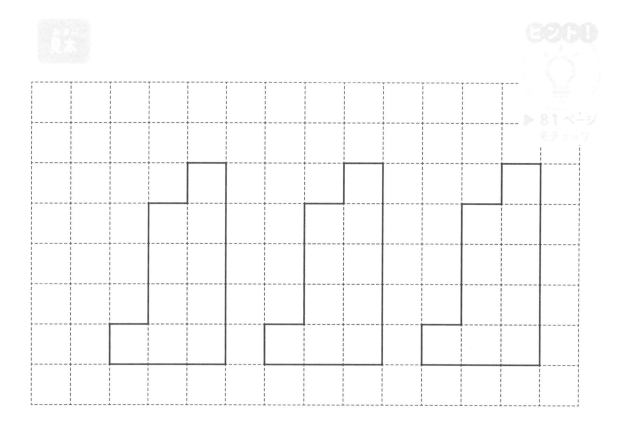

▶81ページ
チェック

37 投影図

「見本」は北・東・西からそれぞれ見たとき、キューブがある部分を色やもようで示しているよ。下の３つのキューブを使って、「見本」と同じ形になるように□のわくの中にならべよう。

※北・東・西の、色やもようが変わっているところでちがうキューブになるよ。

※キューブは、回転させたりうら返したりしてもOK。

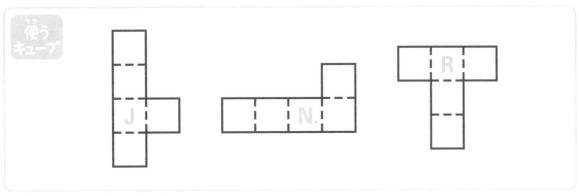

使うキューブ

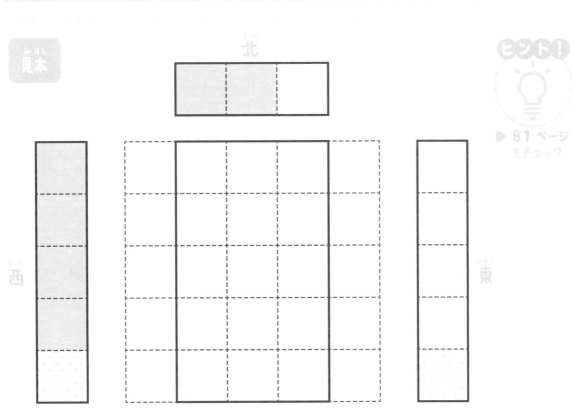

見本

北

西

東

ヒント！

▶ 81 ページ
をチェック

38 しきつめ

ある１種類のキューブを何こか使ってしきつめたとき、「見本」と同じ形を
つくることができるキューブは、下の４つのうちどれ？

※キューブは、回転させたりうら返したりしてもOK。

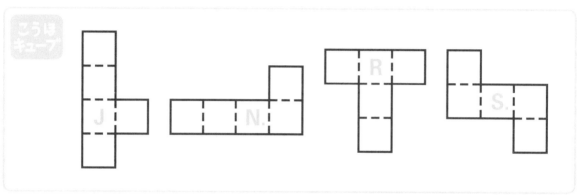

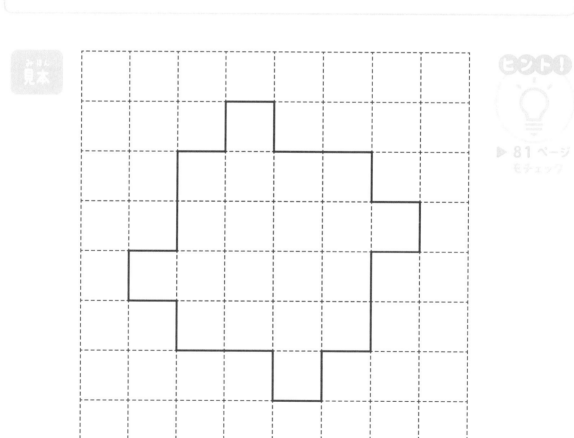

▶ 81ページ
もチェック

こたえ→別冊８ページ

39 通り道

下のキューブを、「見本」のように置き、点線のわくにピッタリそわせるようにして1周させよう。通った道の形は、①〜③のどれ？

※1周させるとき、キューブは回転させないこと。

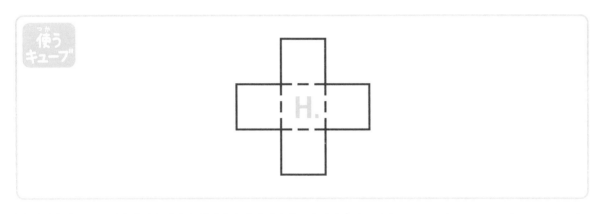

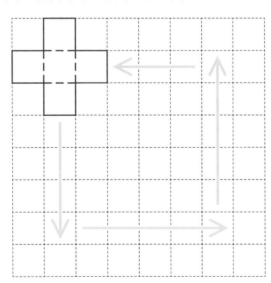

▶ 81 ページ
をチェック

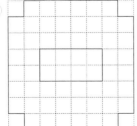

①

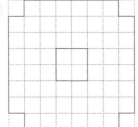

②

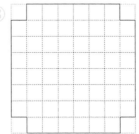
③

こたえ→別冊9ページ

40 三つ子

下の6つのキューブを使って、「見本」にあるような形も大きさも同じ"三つ子"をつくろう。

※キューブは、回転させたりうら返したりしてもOK。

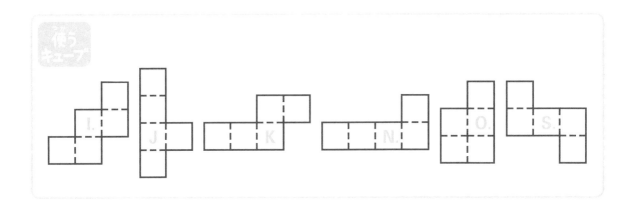

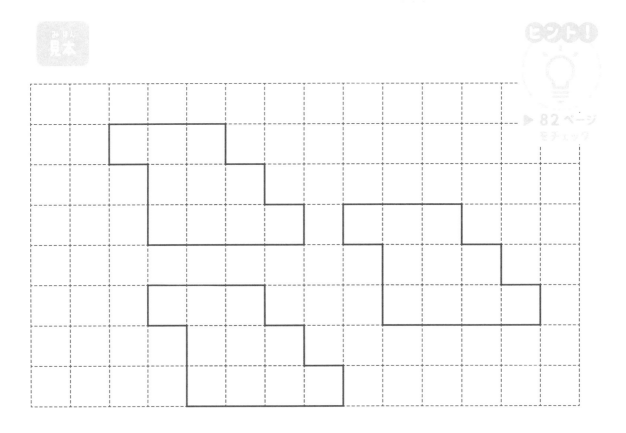

▶ 82ページ
モブ...

41 投影図

「見本」は北・東・西からそれぞれ見たとき、キューブがある部分を色やもようで示しているよ。下の３つのキューブを使って、「見本」と同じ形になるように□のわくの中にならべよう。

※北・東・西の、色やもようが変わっているところでちがうキューブになるよ。

※キューブは、回転させたりうら返したりしてもOK。

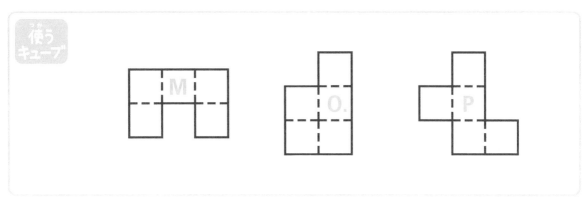

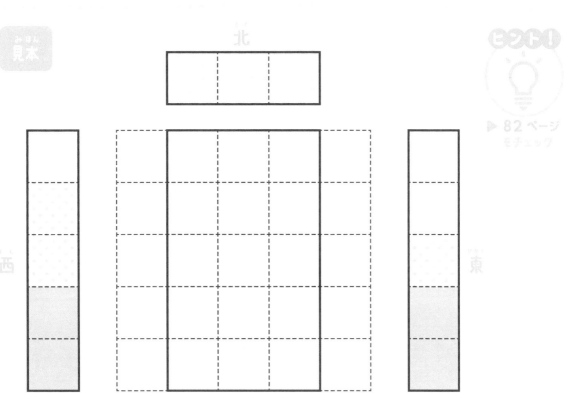

▶ 82 ページ
モチェック

42 しきつめ

ある1種類のキューブを何こか使ってしきつめたとき、「見本」と同じ形をつくることができるキューブは、下の4つのうちどれ？

※キューブは、回転させたりうら返したりしてもOK。

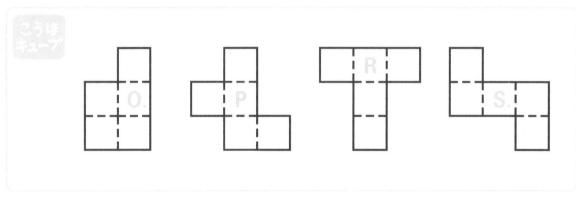

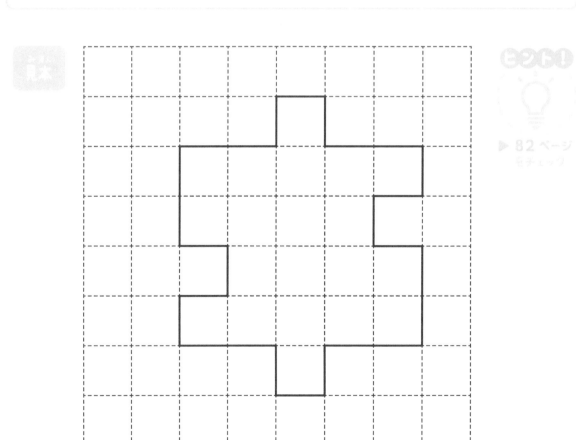

▶ 82ページ

43 通り道

★★★☆☆

下のキューブを、「見本」のように置き、点線のわくにピッタリそわせるように して1周させよう。通った道の形は、①〜③のどれ？

※1周させるとき、キューブは回転させないこと。

使う キューブ

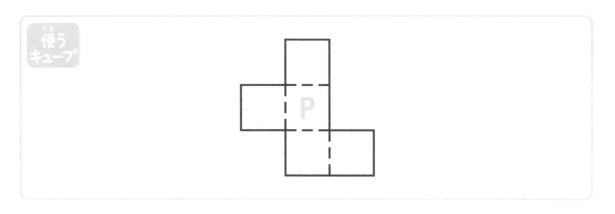

ヒント！
▶ 82 ページ もチェック

見本

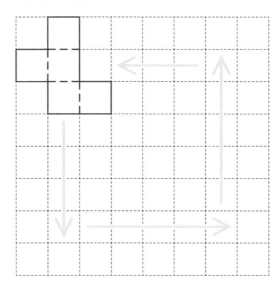

①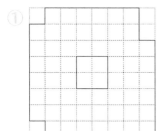

②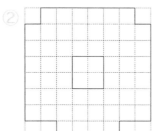

③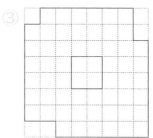

下の6つのキューブを使って、「見本」にあるような形も大きさも同じ "三つ子" をつくろう。

※キューブは、回転させたりうら返したりしてもOK。

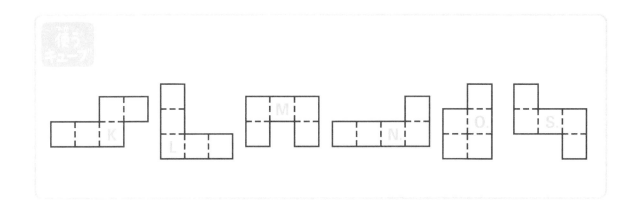

▶ 82 ページ

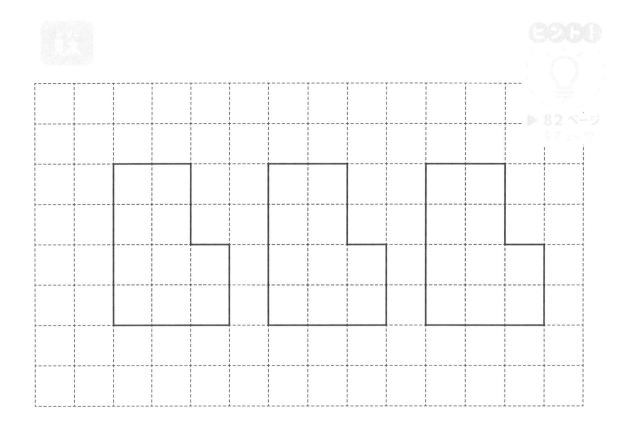

45 投影図

「見本」は北・東・西からそれぞれ見たとき、キューブがある部分を色やもようで示しているよ。下の４つのキューブを使って、「見本」と同じ形になるように□のわくの中にならべよう。

※北・東・西の、色やもようが変わっているところでちがうキューブになるよ。

※キューブは、回転させたりうら返したりしてもOK。

使うキューブ

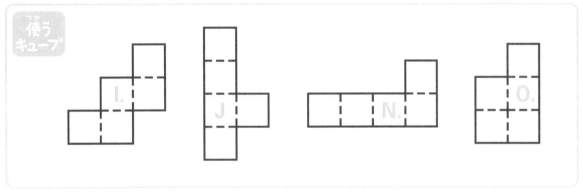

見本

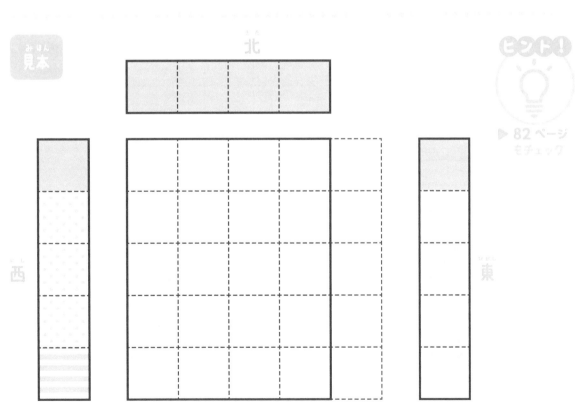

▶ 82 ページ
をチェック

46 しきつめ

★★★★☆

月　　　日

ある1種類のキューブを何こか使ってしきつめたとき、「見本」と同じ形を
つくることができるキューブは、下の4つのうちどれ？

※キューブは、回転させたりうら返したりしてもOK。

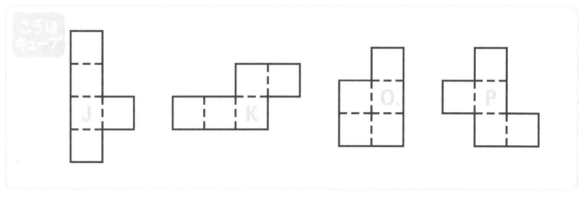

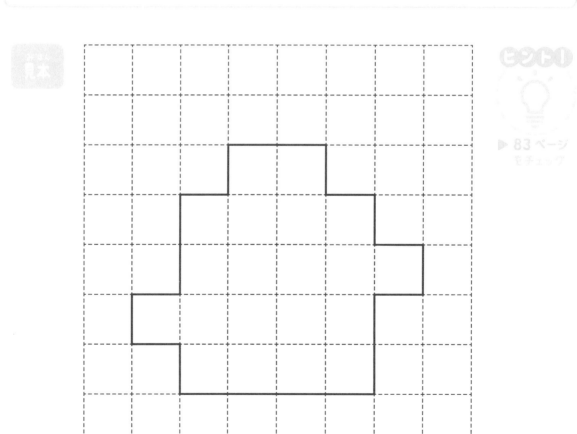

▶ 83ページ
をチェック

54　こたえ→別冊10ページ

47 通り道

★★★★☆

下のキューブを、「見本」のように置き、点線のわくにピッタリそわせるように して1周させよう。通った道の形は、①〜③のどれ？

※1周させるとき、キューブは回転させないこと。

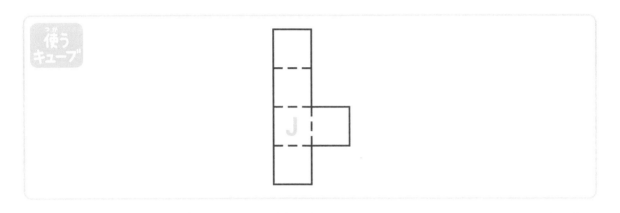

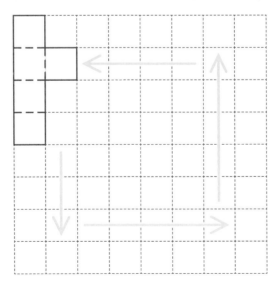

▶ 83ページ をチェック

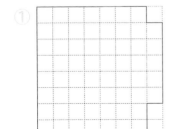

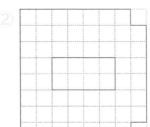

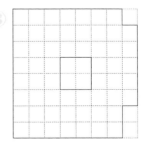

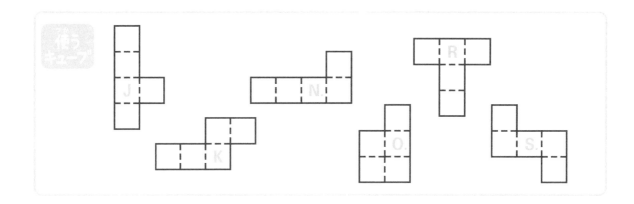

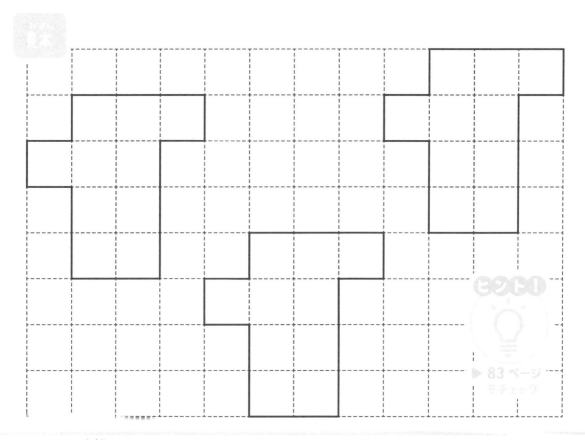

下の6つのキューブを使って「見本」にあるような形も大きさも同じ"三つ子"をつくろう。

※キューブは、回転させたりうら返したりしてもOK。

「見本」は北・東・西からそれぞれ見たとき、キューブがある部分を色やもようで示しているよ。下の4つのキューブを使って、「見本」と同じ形になるように□のわくの中にならべよう。

※北・東・西の、色やもようが変わっているところでちがうキューブになるよ。

※キューブは、回転させたりうら返したりしてもOK。

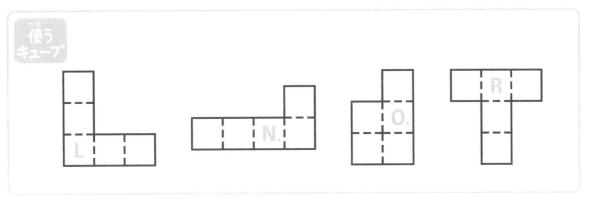

使う
キューブ

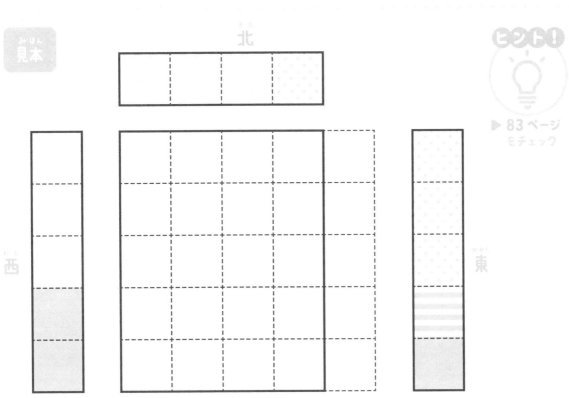

見本

北

西

東

ヒント！

▶ 83 ページ
をチェック

50 しきつめ

ある1種類のキューブを何こか使ってしきつめたとき、「見本」と同じ形をつくることができるキューブは、下の4つのうちどれ？

※キューブは、回転させたりうら返したりしてもOK。
※白いマスには、キューブは入らないよ。

こうほキューブ

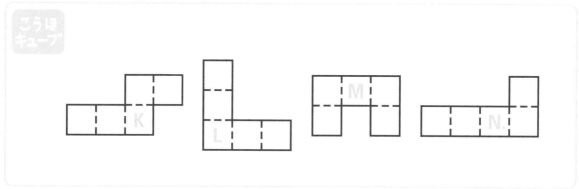

見本

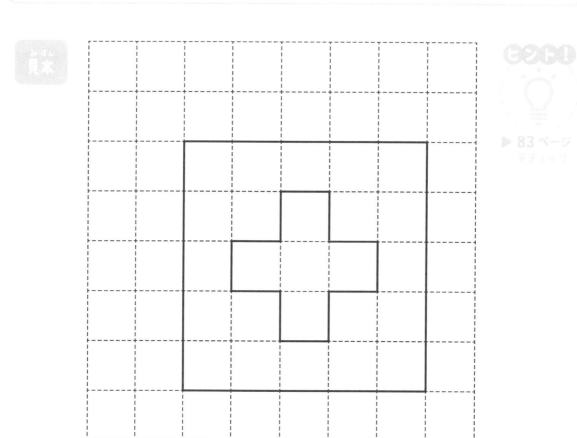

ヒント！

▶ 83 ページ
をチェック

51 通り道

★★★★☆

下のキューブを、「見本」のように置き、点線のわくにピッタリそわせるようにして1周させよう。通った道の形は、①〜③のどれ？

※1周させるとき、キューブは回転させないこと。

使う
キューブ

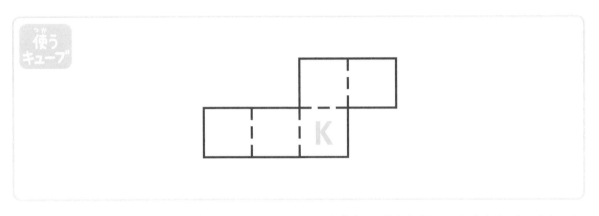

見本

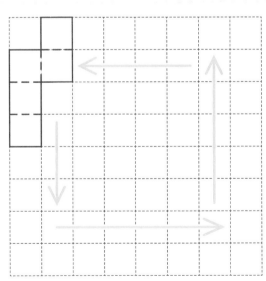

ヒント！

▶ 83 ページ
をチェック

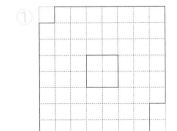

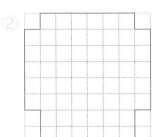

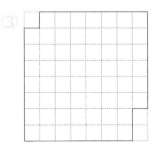

52 三つ子

下の9つのキューブを使って、「見本」にあるような形も大きさも同じ "三つ子" をつくろう。

※キューブは、回転させたりうら返したりしてもOK。

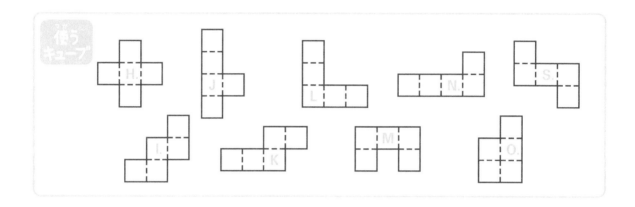

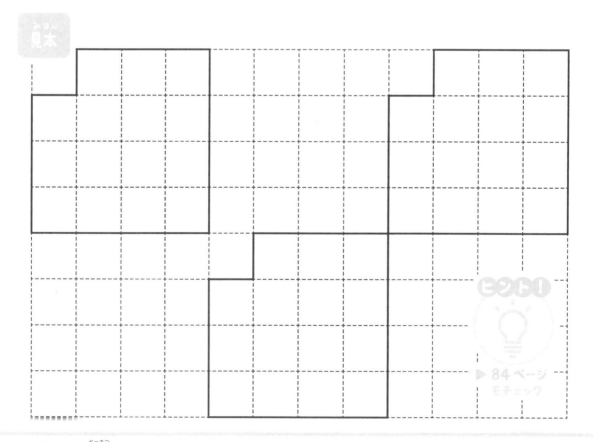

▶ 84ページ モチェック

53 投影図
とうえいず

「見本」は北・東・西からそれぞれ見たとき、キューブがある部分を色やもようで示しているよ。下の4つのキューブを使って、「見本」と同じ形になるように□のわくの中にならべよう。

※北・東・西の、色やもようが変わっているところでちがうキューブになるよ。

※キューブは、回転させたりうら返したりしてもOK。　※Jは、「見本」の位置に入るよ。

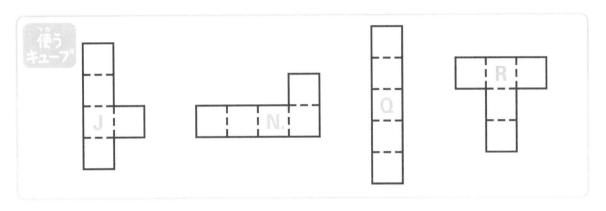

使う
キューブ

J　N.　Q　R

見本
みほん

北

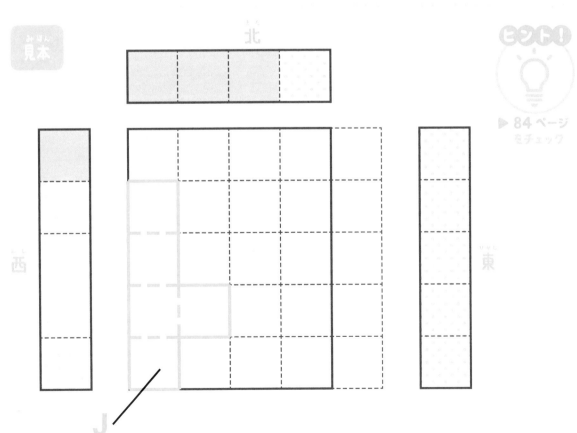

ヒント!

▶ 84 ページ
をチェック

西

東

J

54 しきつめ

ある1種類のキューブを何こか使ってしきつめたとき、「見本」と同じ形を
つくることができるキューブは、下の4つのうちどれ？

※キューブは、回転させたりうら返したりしてもOK。

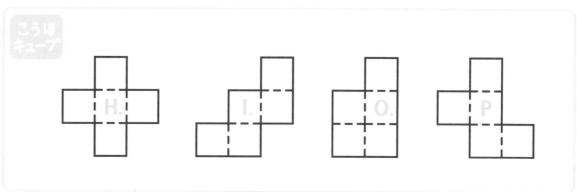

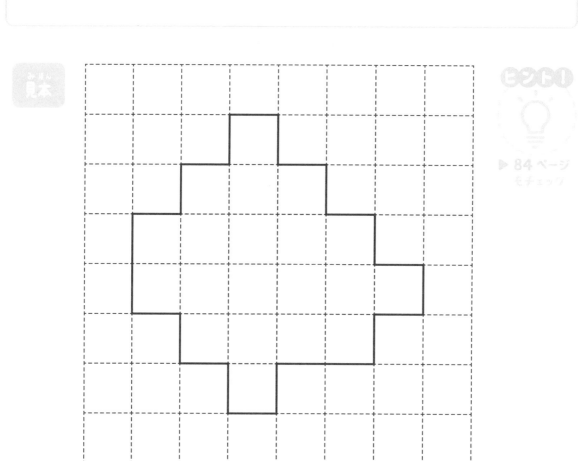

▶84ページ
をチェック

55 通り道

下のキューブを、「見本」のように置き、点線のわくにピッタリそわせるようにして1周させよう。通った道の形は、①〜③のどれ？

※1周させるとき、キューブは回転させないこと。

使う
キューブ

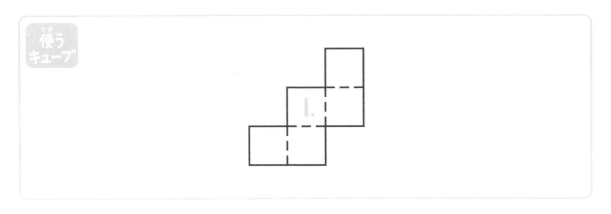

見本

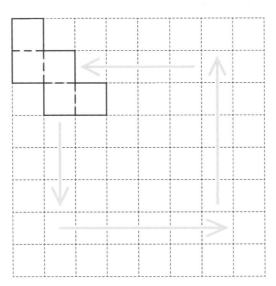

ヒント！

▶ 84 ページ
をチェック

①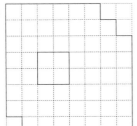

②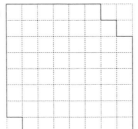

③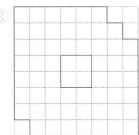

56 三つ子

下の9つのキューブを使って、「見本」にあるような形も大きさも同じ "三つ子" をつくろう。

※キューブは、回転させたりうら返したりしてもOK。

※白いマスには、キューブは入らないよ。

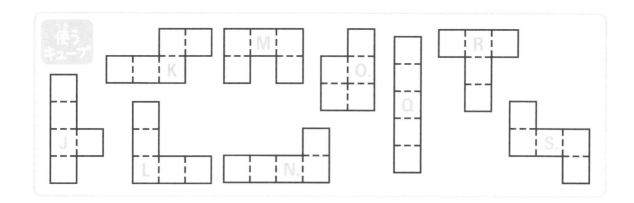

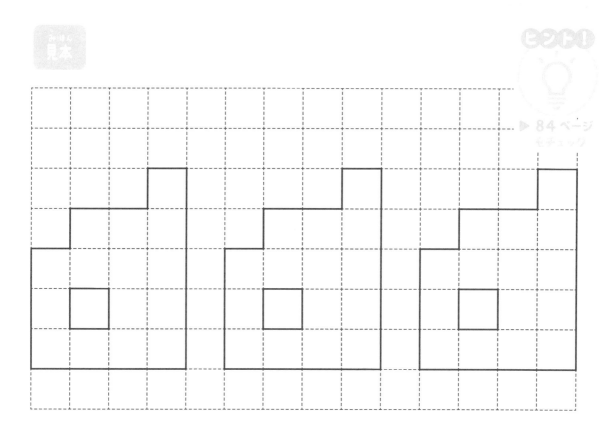

57 投影図

「見本」は北・東・西からそれぞれ見たとき、キューブがある部分を色やもようで示しているよ。下の4つのキューブを使って、「見本」と同じ形になるように□のわくの中にならべよう。

※北・東・西の、色やもようが変わっているところでちがうキューブになるよ。

※キューブは、回転させたりうら返したりしてもOK。　※Lは、「見本」の位置に入るよ。

使う
キューブ

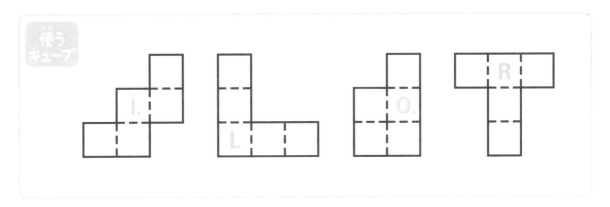

見本

北

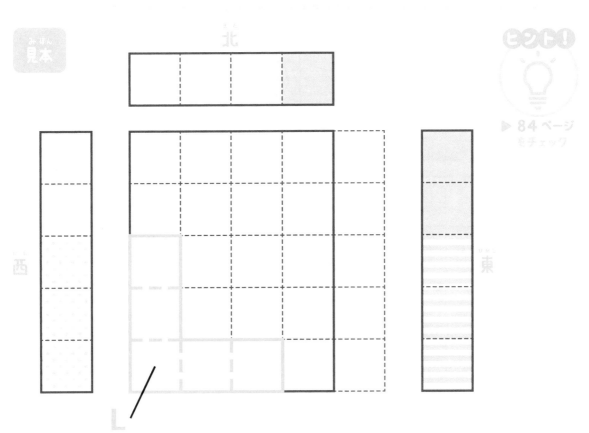

ヒント！

▶ 84ページ
をチェック

西

東

L

58 しきつめ

ある1種類のキューブを何こか使ってしきつめたとき、「見本」と同じ形をつくることができるキューブは、下の4つのうちどれ？

※キューブは、回転させたりうら返したりしてもOK。

※白いマスには、キューブは入らないよ。

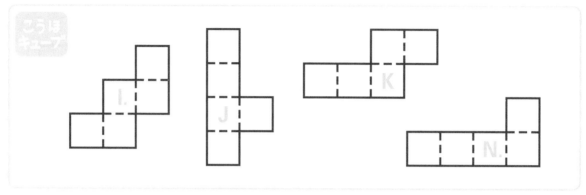

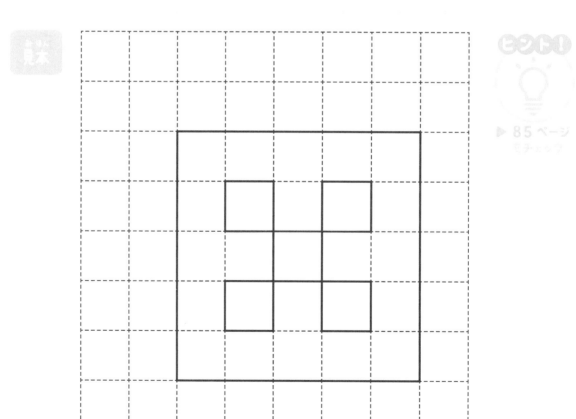

▶ 85ページ

下のキューブを、「見本」のように置き、点線のわくにピッタリそわせるようにして1周させよう。通った道の形は、①～③のどれ？

※1周させるとき、キューブは回転させないこと。

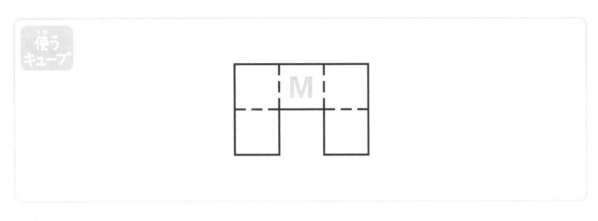

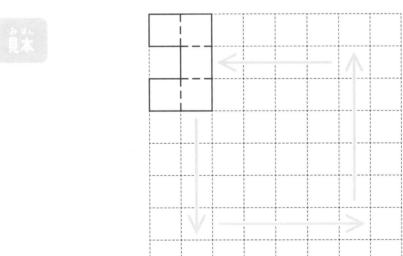

▶85ページ
をチェック

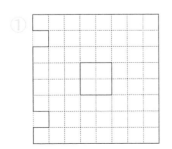

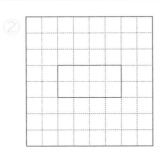

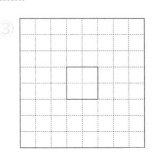

60

下の9つのキューブを使って、「見本」にあるような形も大きさも同じ "三つ子" をつくろう。

※キューブは、回転させたりうら返したりしてもOK。

※白いマスには、キューブは入らないよ。

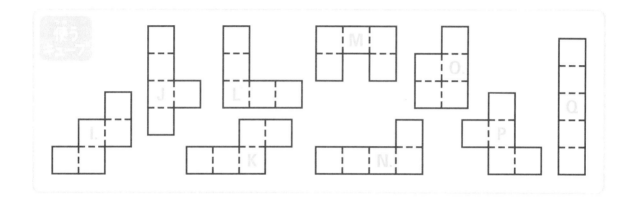

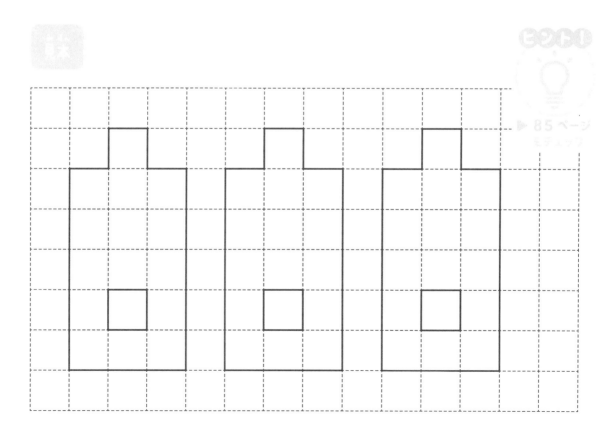

61 投影図

「見本」は北・東・西からそれぞれ見たとき、キューブがある部分を色やもようで示しているよ。下の5つのキューブを使って、「見本」と同じ形になるように□のわくの中にならべよう。

※北・東・西の、色やもようが変わっているところでちがうキューブになるよ。

※キューブは、回転させたりうら返したりしてもOK。

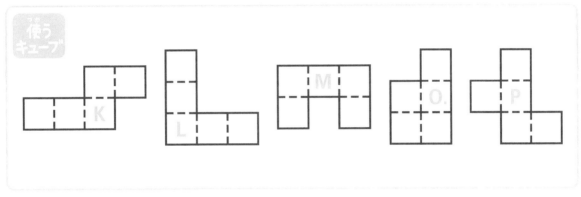

使うキューブ

K L M O P

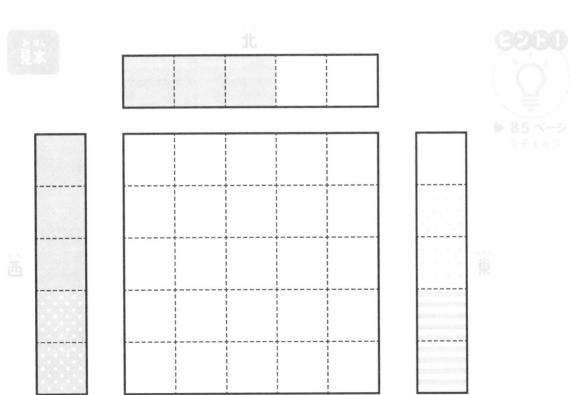

見本

北

西　　　　　　　　　東

ヒント！

▶85ページ

62 しきつめ

ある1種類のキューブを何こか使ってしきつめたとき、「見本」と同じ形を
つくることができるキューブは、下の4つのうちどれ？

※キューブは、回転させたりうら返したりしてもOK。

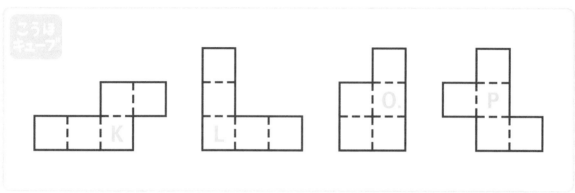

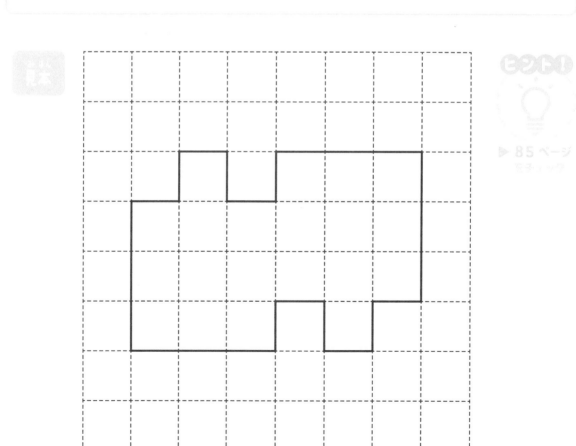

▶ 85ページ

63 通り道

下のキューブを、「見本」のように置き、点線のわくにピッタリそわせるようにして1周させよう。通った道の形は、①〜③のどれ？

※1周させるとき、キューブは回転させないこと。

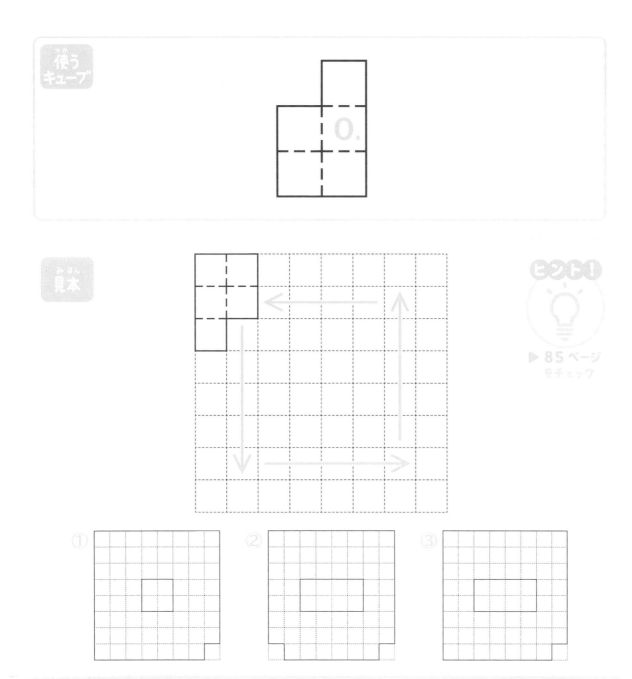

64 三つ子

下の9つのキューブを使って、「見本」にあるような形も大きさも同じ"三つ子"をつくろう。

※キューブは、回転させたりうら返したりしてもOK。

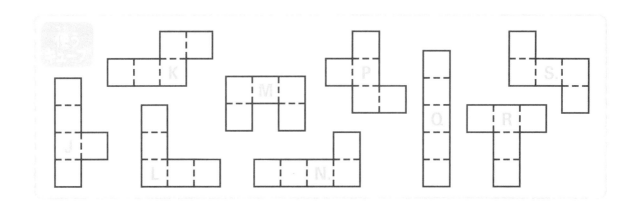

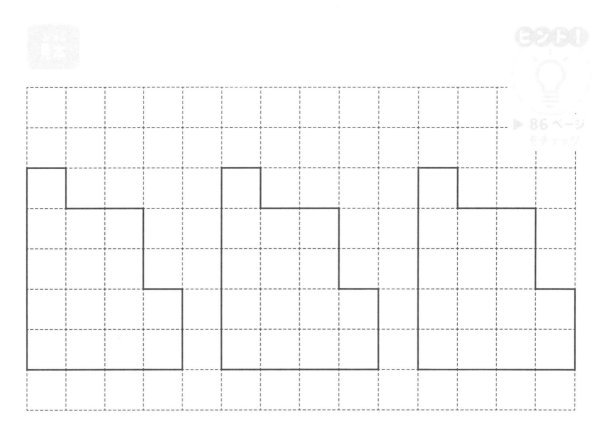

▶ 86ページ
をチェック

65 投影図

「見本」は北・東・西からそれぞれ見たとき、キューブがある部分を色やもようで示しているよ。下の5つのキューブを使って、「見本」と同じ形になるように□のわくの中にならべよう。

※北・東・西の、色やもようが変わっているところでちがうキューブになるよ。

※キューブは、回転させたりうら返したりしてもOK。　※Lは、「見本」の位置に入るよ。

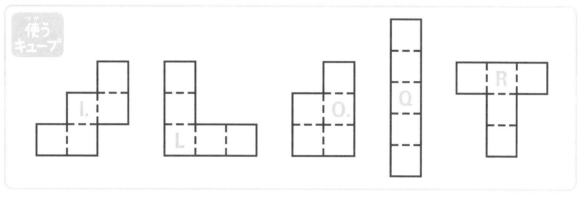

使うキューブ

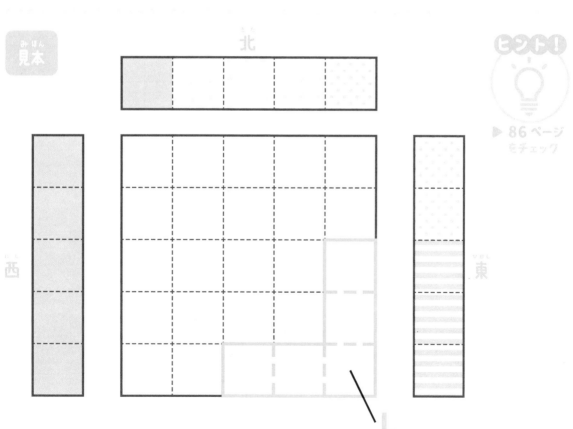

見本

北

西　東

L

ヒント！

▶ 86ページ をチェック

66 しきつめ

ある1種類のキューブを何こか使ってしきつめたとき、「見本」と同じ形を
つくることができるキューブは、下の4つのうちどれ？

※キューブは、回転させたりうら返したりしてもOK。

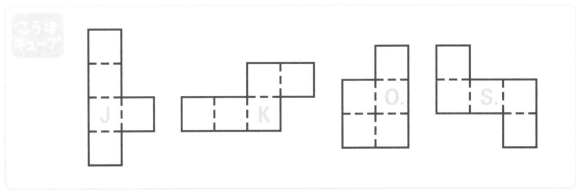

こうり
キューブ

J　K　O.　S.

見本

ヒント！

▶ 86 ページ
をチェック

ヒント集

問題を解くヒント集だよ。まずは自力で解いてみることが大切。でも、どうしても正解にたどりつかないときに、問題を解くための手がかりとして参考にしてね。

Step 1

01 シルエット
8ページ

ヒント！

マルでかこんだ段差部分を、どのキューブを使ってつくるかが、こたえをみちびくカギになるよ。どうならべたらいいか考えてみよう。

02 いらないマス
9ページ

ヒント！

①か②をいらないマスとするには、必ずMを使うことになるよ。実際にMを使って、①か②がそれぞれ空くようにならべてみると、残りのキューブをうまくならべることができるか、試してみよう。

03 ふたご
10ページ

ヒント！

「見本」の形は、LとS、MとOの組み合わせでつくることができるよ。それぞれどのようにならべたらいいか考えてみよう。

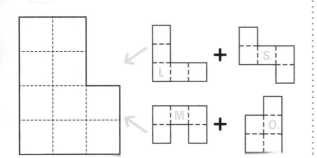

04 フェイク
11ページ

ヒント！

マルでかこんだ形をつくれるのは、NかSのどちらかだけだよ。それぞれ入れてみて、残りのキューブのならべかたを考えよう。

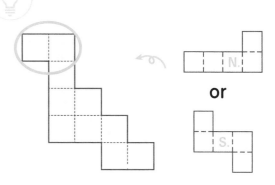

75

05 シルエット 12 ページ

マルでかこんだ段差部分は、あるキューブを使わないとつくることができないよ。どれかさがしてみよう。また、ゾウの足のように見える部分の形にも注目して。

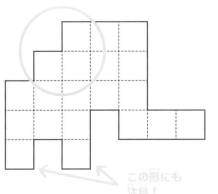

この形にも注目！

06 いらないマス 13 ページ

Iをどこに置くかが、こたえをみちびくカギになるよ。わからなければ、①、②、③のマスを、それぞれ実際に使わずに、わく内にキューブをならべてみるのも手。

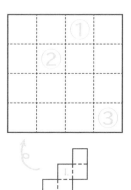

07 ふたご 14 ページ

「見本」の形は、KとS、OとRの組み合わせでつくることができるよ。マルでかこんだ1マスとび出した部分に注目して、それぞれのならべかたを考えよう。

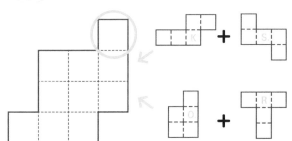

08 フェイク 15 ページ

マルでかこんだ1マスとび出した部分は、ある1つのキューブでしかつくることができないよ。ここにうまく置けるキューブをさがしてから、残りのキューブのならべかたを考えてみよう。

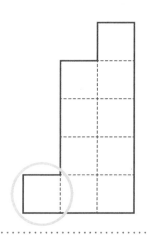

09 シルエット 16 ページ

太線でかこんだ形は、ある2つのキューブの組み合わせでしかつくることができないよ。どのキューブを組み合わせればいいかさがしてみよう。

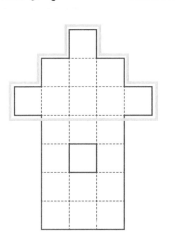

10 いらないマス 17 ページ

Lをどこに置くかが、こたえをみちびくカギになるよ。わからなければ、①、②、③のマスを、それぞれ実際に使わずに、わく内にキューブをならべてみるのも手。

11 ふたご
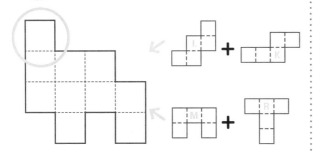
18 ページ

「見本」の形は、IとK、MとRの組み合わせでつくることができるよ。マルでかこんだ1マスとび出した部分に注目して、それぞれのならべかたを考えよう。

12 フェイク
19 ページ

マルでかこんだ1マスとび出した部分に注目！この部分にうまく置けるキューブをさがし、残りのキューブのならべかたを考えてみよう。

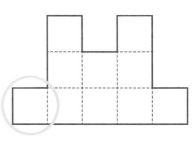

13 シルエット
20 ページ

マルでかこんだ上下の段差部分をつくるには、H、I、O、Pが必要だよ。それぞれの組み合わせを考えてみよう。

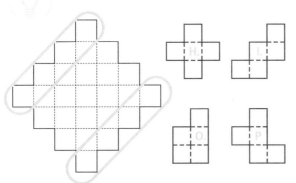

14 いらないマス
21 ページ

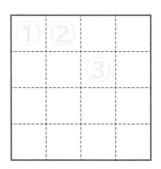

タテとヨコ、それぞれ4マスなので、J、K、Nをすべてタテあるいはヨコ向きにならべるしかないよ。そこに気づけば、正解まであとひといき！

15 ふたご
22 ページ

「見本」の形は、JとNとP、LとMとRの組み合わせでつくることができるよ。空きマスの1つは、Mを使ってつくろう。マルでかこんだ1マスとび出した部分にも注目して！

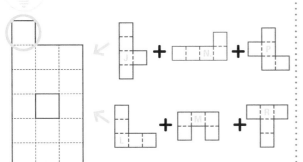

16 フェイク
23 ページ

マルでかこんだ1マスとび出した部分に注目！まず、この部分に置けるキューブをさがし、残りのキューブのならべかたを考えてみよう。

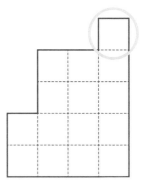

17 シルエット

Lは、太線でかこんだ部分には入らないので、図形の中央部分にしか置けないよ。L以外のキューブを使って、太線でかこんだ段差をつくってみよう。

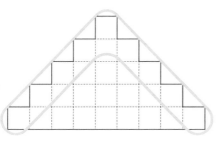

18 いらないマス

マルでかこんだ下段部分には、IとJが入るよ。どのようにならべたらいいか考えてみよう。

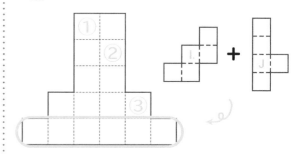

19 ふたご

「見本」の形は、JとKとO、MとRとSの組み合わせでつくることができるよ。マルでかこんだ部分になにが入るか考えてみよう。1つの形にはMが入るよ。

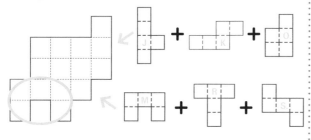

20 フェイク

まずは、マルでかこんだ1マスとび出した部分に注目！　この部分にOとJとPを入れると、残りのキューブがうまくならべられないよ。よって、KかNが入るよ。

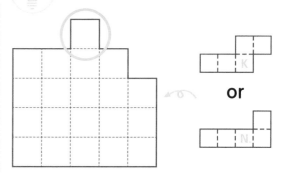

21 シルエット

タテ長を意識しながら、キューブをしきつめるようにしてならべてみよう。右の図のように、Rはヨコ向きに使うよ。

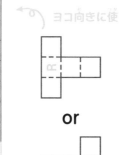

22 いらないマス

マルでかこんだ下段部分には、IとJが入るよ。どのようにならべたらいいか考えてみよう。

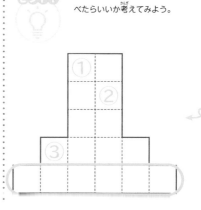

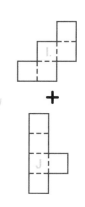

23 ふたご

30 ページ

ヒント！ 「見本」の形は、JとNとR、KとMとOの組み合わせでつくることができるよ。それぞれどのようにならべたらいいか考えてみよう。

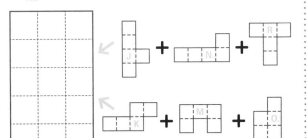

24 フェイク

31 ページ

ヒント！ マルでかこんだ1マスとび出した部分に入るキューブをさがしてみよう。さがせたら、次は、Nをわくの中にならべることができるか確かめてみると、正解がみちびき出せるよ。

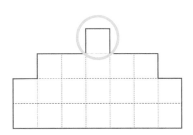

25 シルエット

32 ページ

ヒント！ 左側の空きマスは、下の図のようにMを使ってつくるよ。太線でかこんだ段差部分に注目して、残りのキューブのならべかたを考えてみよう。段差がつくれるキューブは、IとJとKのうちの2つ。どのキューブが入るかな。

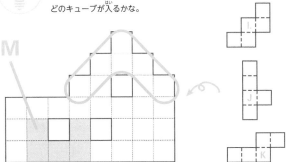

26 いらないマス

33 ページ

ヒント！ マルでかこんだ下段部分にはPは使えず、NとOが入るよ。どのようにならべたらいいか考えてみよう。

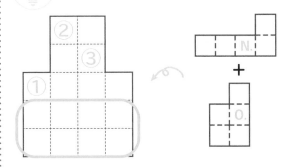

27 ふたご

34 ページ

ヒント！ 「見本」の形は、JとLとS、MとNとOの組み合わせでつくることができるよ。マルでかこんだ空きマス部分をどうつくるかに注目して、それぞれのならべかたを考えよう。

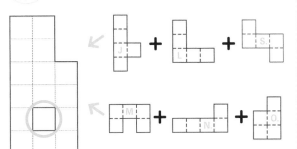

28 フェイク

35 ページ

ヒント！ HとMは、右下の図のように組み合わせないと、わくの中に入れることができないよ。でも、組み合わせて使うと、残りのキューブをならべることができない。ということは、フェイクのキューブは、HかMのどちらかだよ。

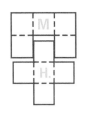

79

29 シルエット 36 ページ

ヒント！

LとQが指定の位置に入るとき、PとHの入る位置を考えよう。Pは、右の図で示した位置に入るよ。これを手がかりに、Hと残りのキューブをならべてみよう。

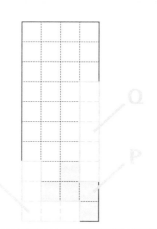

30 いらないマス 37 ページ

ヒント！

Sをいちばん下の段で使うと、残りのキューブをならべることができないので、右の図で示した位置に入ることが決まるよ。よって、②がこたえの可能性はなくなるね。いらないマスは、①と③のどっちかな。

31 ふたご 38 ページ

ヒント！

マルでかこんだ1マスとび出した部分は、HとPを使ってつくることができるよ。それぞれ、残りのキューブの組み合わせを考えてみよう。

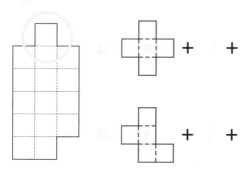

32 フェイク 39 ページ

ヒント！

マルでかこんだ2マスとび出した部分には、JとKとNのどれかが入るよ。どのキューブが入るか考えて、残りのキューブをならべてみよう。

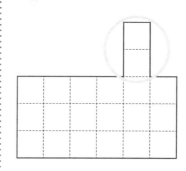
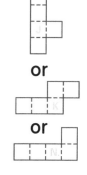

33 シルエット 40 ページ

ヒント！

マルでかこんだ段差部分に注目！ この段差は、H、I、J、Oを使ってつくるよ。うまくならべられるかな。

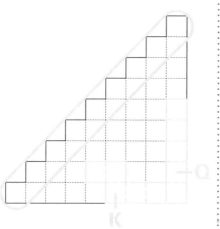

34 しきつめ
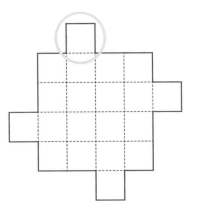

42 ページ

ヒント！

マルでかこんだ1マス
とび出した部分に注
目！ ここから1つず
つ順番に、キューブを
しきつめてみよう。

35 通り道
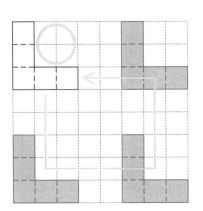

43 ページ

ヒント！

8×8マスの中でLを1
周させるとき、マルでか
こんだ空間がどう動くか
に注目してみよう。また、
キューブの形が、タテ・
ヨコともに3マスなので、
まんなかにも空間ができ
そうだよ。どんな形の空
間ができるかな。

36 三つ子
44 ページ

ヒント！

「見本」と同じ形を3つつくるうち、1つはJとRを組み合わせ
てつくるよ。残り2つはどのキューブを組み合わせればいいか、
マルでかこんだ段差部分に注目しながら考えてみよう。

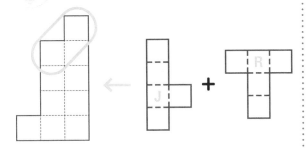

37 投影図
45 ページ

ヒント！

マルでかこんだ形をつくれるキューブは、Nだけだよ。これを手
がかりに、残りのキューブをならべてみよう。

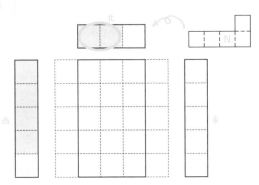

38 しきつめ
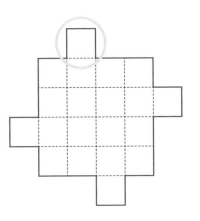

46 ページ

ヒント！

マルでかこんだ1マス
とび出した部分に注
目！ ここから1つず
つ順番に、キューブを
しきつめてみよう。

39 通り道
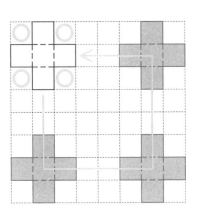

47 ページ

ヒント！

8×8マスの中でHを1
周させるとき、マルでか
こんだ空間がどう動くか
に注目してみよう。また、
キューブの形が、タテ・
ヨコともに3マスなので、
まんなかにも空間ができ
そうだよ。どんな形の空
間ができるかな。

40 三つ子

48 ページ

ヒント！ 「見本」と同じ形を３つつくるうち、１つはＩとＳを組み合わせてつくるよ。残り２つはどのキューブを組み合わせればいいか、マルでかこんだ部分に注目しながら考えてみよう。

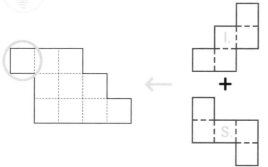

41 投影図

49 ページ

ヒント！ マルでかこんだ部分には、Ｏが入るよ。これを手がかりに、残りのキューブをならべてみよう。

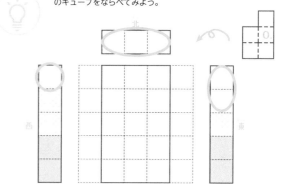

42 しきつめ

50 ページ

マルでかこんだ１マスとび出した部分に注目！ ここから１つずつ順番に、キューブをしきつめてみよう。

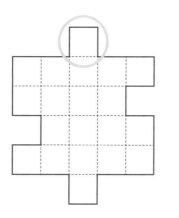

43 通り道

51 ページ

ヒント！ ８×８マスの中でＰを１周させるとき、マルでかこんだ空間がどう動くかに注目してみよう。また、キューブの形が、タテ・ヨコともに３マスなので、まんなかにも空間ができそうだよ。どんな形の空間ができるかな。

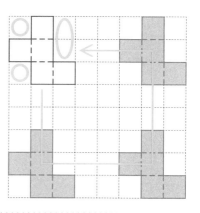

44 三つ子

52 ページ

ヒント！ 「見本」と同じ形を３つつくるうち、１つはＬとＳを組み合わせてつくるよ。残り２つはどのキューブを組み合わせればいいか、Ｋをどう置くかに注目しながら考えてみよう。

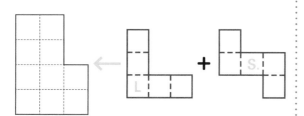

45 投影図

53 ページ

ヒント！ マルでかこんだ形をつくれるキューブは、Ｊだけだよ。Ｊの位置が決まると、東４マスのところに入るキューブがＮに決まるね。これらを手がかりに、キューブのならべかたを考えてみよう。

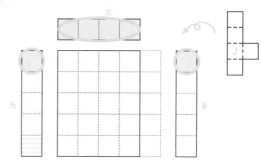

82

46 しきつめ

54 ページ

マルでかこんだ部分に注目！ この2か所に入るキューブがなにかを考えながら、しきつめられるキューブをさがそう。

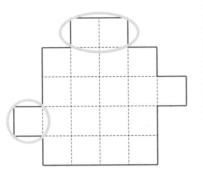

47 通り道

55 ページ

8×8マスの中でJを1周させるとき、マルでかこんだ空間がどう動くかに注目してみよう。また、タテが4マスなので、まんなかには空間ができないよ。

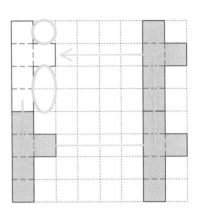

48 三つ子

56 ページ

「見本」と同じ形を3つつくるうち、1つはJとNを組み合わせてつくるよ。残り2つはどのキューブを組み合わせればいいか、Kをどう置くかに注目しながら考えてみよう。

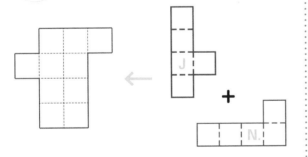

49 投影図

57 ページ

マルでかこんだ部分に注目！ 北と西それぞれ3マスの形がつくれるキューブはLだけ。また、東と西に同じ色があることから、そこにはヨコ4マスのキューブが入ることがわかるので、Nに決まるね。これらを手がかりに、残りのキューブのならべかたを考えてみよう。

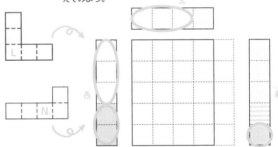

50 しきつめ

58 ページ

4つのキューブを1つずつ、わくの中に置いてみよう。このうち、3つのキューブは、2つめのキューブが置けないことがわかるよ。

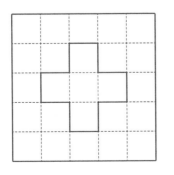

51 通り道

59 ページ

8×8マスの中でKを1周させるとき、マルでかこんだ空間がどう動くかに注目してみよう。また、タテが4マスなので、まんなかには空間ができないよ。

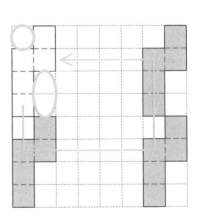

83

52 三つ子

60 ページ

「見本」と同じ形を3つくるうち、1つはIとJとOを組み合わせてつくるよ。残りの2つはどのキューブを組み合わせればいいか、マルでかこんだ段差部分に注目して考えてみよう。

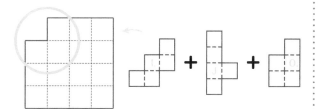

53 投影図

61 ページ

マルでかこんだ5マスの形をつくれるキューブは、Qだけだよ。問題に示されたJの位置も手がかりにして、残りのキューブのならべかたを考えてみよう。

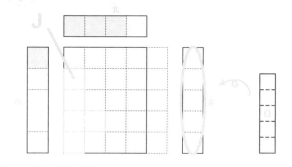

54 しきつめ

62 ページ

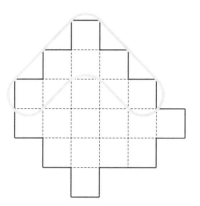

「見本」の図の形に注目！ 太線でかこんだ部分は特にこまかい段差になっているね。この段差がつくれそうなキューブは、4つのうちどれかな。

55 通り道

63 ページ

8×8マスの中でIを1周させるとき、マルでかこんだ空間がどう動くかに注目してみよう。また、キューブの形が、タテ・ヨコともに3マスなので、まんなかにも空間ができそうだよ。どんな形の空間ができるかな。

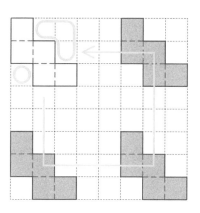

56 三つ子

64 ページ

「見本」と同じ形を3つくるうち、1つはIとOとSを組み合わせてつくるよ。残りの2つはどのキューブを組み合わせればいいか、Qを置く位置に注目して考えてみよう。

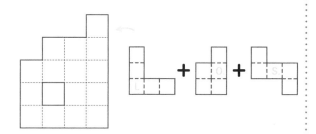

57 投影図

65 ページ

マルでかこんだ形をつくれるキューブは、Oだけだよ。「見本」に示されたLの位置も手がかりにして、残りのキューブのならべかたを考えてみよう。

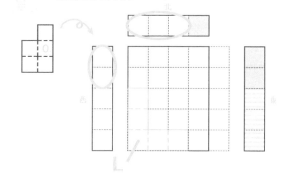

マルでかこんだ4つの
マスをどうやってうめ
るかを考えてみよう。
どのキューブならうま
くしきつめられるかな。

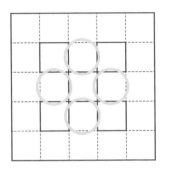

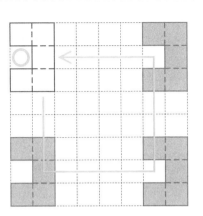

8×8マスの中でMを
1周させるとき、マルで
かこんだ空間は、上下左
右の移動でうまるよ。ま
た、キューブの形が、タ
テ3マス、ヨコ2マスな
ので、まんなかに空間が
できそうだよ。どんな形
の空間ができるかな。

60 三つ子　68 ページ

「見本」と同じ形を3つつくるうち、1つはⅠとⅬとPを組み合
わせてつくるよ。残り2つはどのキューブを組み合わせればいい
か、Qを置く位置から考えてみよう。

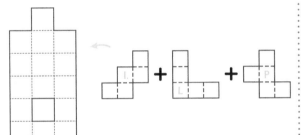

61 投影図　69 ページ

マルでかこんだ部分に注目するよ。北3マス、西3マスの形がつ
くれるキューブはⅬだけ。また、北2マス、東1マスの形がつく
れるのは、KかPのどちらかだよ。これらを手がかりに、残りの
キューブのならべかたを考えてみよう。

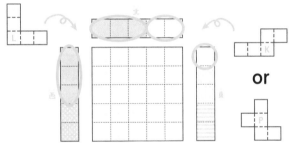

or

62 しきつめ　70 ページ

まずは、マルでかこん
だ左上の1マスとび出
した部分に入るキュー
ブを考えよう。次に、
右下の1マスとび出し
た部分に注目して考え
てみよう。

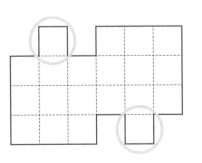

63 通り道　71 ページ

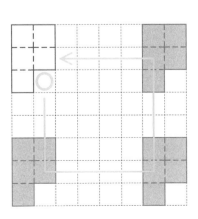

8×8マスの中でOを
1周させるとき、マルで
かこんだ空間がどう動く
かに注目してみよう。ま
た、キューブの形が、タ
テ3マス、ヨコ2マスな
ので、まんなかにも空間
ができそうだよ。どんな
形の空間ができるかな。

64 三つ子

72 ページ

ヒント！

「見本」と同じ形を3つつくるうち、1つはLとSとQを組み合わせてつくるよ。残り2つはどのキューブを組み合わせればいいか、マルでかこんだ1マスとび出した部分に注目しながら考えてみよう。

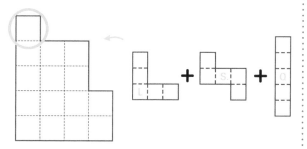

65 投影図

73 ページ

マルでかこんだ部分に注目してみよう。北1マス、西5マスの形がつくれるのはQだけだよ。「見本」に示されたLの位置も手がかりにして、残りのキューブのならべかたを考えてみよう。

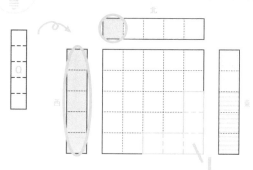

66 しきつめ

74 ページ

ヒント！

「見本」の図の形に注目しよう！　全体的に凹凸が少ない形だね。きれいにしきつめられそうなキューブの形は、4つのうちどれかな。

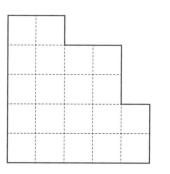

通り道シート

Step 2 にある「通り道」の問題で、キューブを移動させるときに、下にしいて使ってね。ほかの問題を解くときのガイド線として活用しても OK だよ。

高濱正伸（たかはま まさのぶ）

花まる学習会代表。算数オリンピック委員会理事。1959年熊本県生まれ。県立熊本高校、東京大学・同大学院卒。1993年、大学院の同期生たちと、「数理的思考力」「国語力」「野外体験」に重点を置いた幼児・小学生向けの学習教室「花まる学習会」を設立。『算数脳ドリル 立体王』シリーズ（Gakken）をはじめ、『小3までに育てたい算数脳』（エッセンシャル出版社）、『メシが食える大人になる！ よのなかルールブック』（日本図書センター）など著書多数。

水口 玲（みずぐち れい）

1979年北海道生まれ。札幌市立札幌新川高校、早稲田大学卒。2006年に花まる学習会に入社。朝日小学生新聞にて「なぞぺー」の掲載や、花まる学習会やスクールFCの教材作成に携わりながら、同塾にて中学受験、高校受験を担当。

算数脳ドリル 立体王

思考力キューブドリル
平面図形入門

2023年9月12日 第1刷発行

著者	高濱正伸、水口 玲
発行人	土屋 徹
編集人	志村俊幸
編集長	阿部桂子
編集	木下果林
校正	曽我佳代子（有限会社パピルス21）
表紙・本文デザイン	髙島光子、大場由紀（株式会社ダイアートプランニング）
本文デザイン・DTP	株式会社アド・クレール
発行所	株式会社Gakken 〒141-8416 東京都品川区西五反田2-11-8
印刷所	図書印刷株式会社

●この本に関する各種お問い合わせ先
・本の内容については、下記サイトのお問い合わせフォームよりお願いします。
　https://www.corp-gakken.co.jp/contact/
・在庫については　Tel 03-6431-1199（販売部）
・不良品（落丁・乱丁）については　Tel 0570-000577
　学研業務センター　〒354-0045　埼玉県入間郡三芳町上富279-1
・上記以外のお問い合わせは　Tel 0570-056-710（学研グループ総合案内）

学研グループの書籍・雑誌についての新刊情報・詳細情報は、下記をご覧ください。
学研出版サイト　https://hon.gakken.jp/

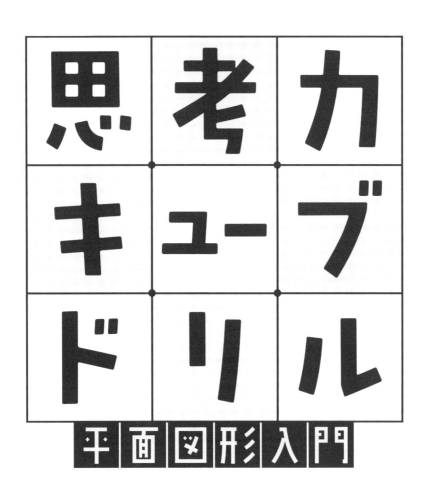

思考力キューブドリル

平面図形入門

解答集

Gakken

01 シルエット

8ページ

こたえ

Lでは左側の段差がつくれないことに気づけるかがポイント。IとKを置く位置がわかれば、正解をみちびくことができるよ。

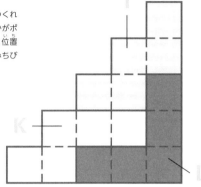

02 いらないマス

9ページ

こたえ

①または②のマスが空くように、それぞれMを置くと、残り2つのキューブをわくの中にならべることができない。よって、こたえは③に決まるよ。

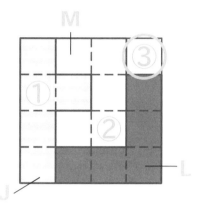

03 ふたご

10ページ

こたえ

「見本」の形は、LとS、MとOを、それぞれ下の図のように組み合わせてつくることができるよ。

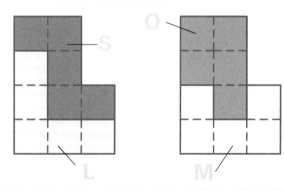

04 フェイク

11ページ

こたえ

Nを使うことができるのは左上の部分のみ。だけど、ここにNを入れると、残りのキューブはどちらも入らないよ。よって、フェイクはNとなる。

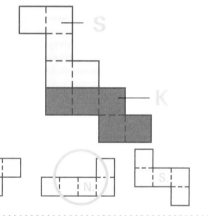

05 シルエット

12ページ

こたえ

左上の段差部分にはKを置ける。また、ゾウの鼻のような形はL、足のような形はMでしかつくることができない。それがわかると、残りのキューブのならべかたが決まるよ。

06 いらないマス

13ページ

こたえ

②または③のマスが空くように、それぞれキューブをならべようとしても、わくの中に3つをならべることはできない。よって、こたえは①に決まるよ。

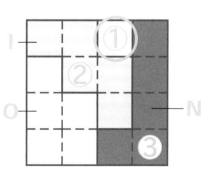

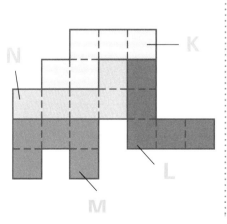

07 ふたご

 14 ページ

こたえ　まず、右上の1マスとび出した部分を、OとSを使ってそれぞれつくることに気づけるかがポイント。KとS、OとRを、それぞれ下の図のように組み合わせてつくることができるよ。

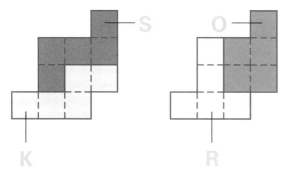

08 フェイク

15 ページ

こたえ　いちばん下のヨコ3マスは、Lでしかつくることができないよ。すると、もう1つのKが決まるので、フェイクはJとなる。

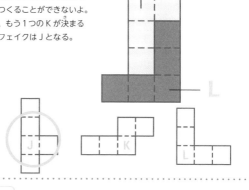

09 シルエット

16 ページ

こたえ　上の部分の階段状になった段差は、HとIでしかつくることができないよ。それがわかると、残りのキューブのならべかたが決まるよ。

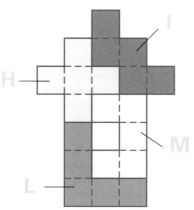

10 いらないマス

17 ページ

こたえ　①または③のマスが空くように、それぞれキューブをならべようとしても、わくの中に3つをならべることはできない。よって、こたえは②に決まるよ。

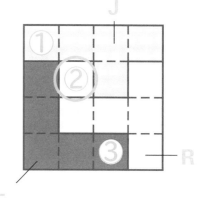

11 ふたご

18 ページ

こたえ　左上の1マスとび出した部分を、KとRを使ってつくることに気づけるかがポイント。IとK、MとRを、それぞれ下の図のように組み合わせてつくることができるよ。

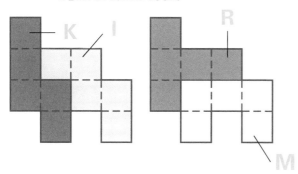

3

12 フェイク

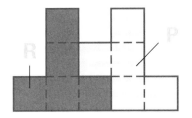

上の部分にMを置きたくなるけれど、置いてしまうと、「見本」の形をつくることはできない。よって、フェイクはMとなる。

 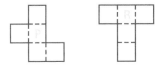

19 ページ

13 シルエット

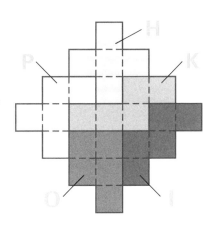

上と下にそれぞれ4段ある段差は、HとP、IとOをそれぞれ組み合わせてつくる。それがわかると、残りのKのならべかたが決まるよ。

20 ページ

14 いらないマス

JとKとNのキューブは4マスの長さがあるので、同じ向きにならべなければいけないことに気づけるかがポイント。いらないマスは②だよ。

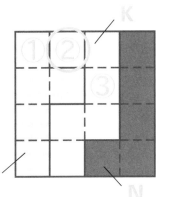

15 ふたご

左上の1マスとび出した部分をPとRで、空きマスの1つをMでつくることに気づけるかがポイント。JとNとP、LとMとRを、それぞれ下の図のように組み合わせてつくることができるよ。

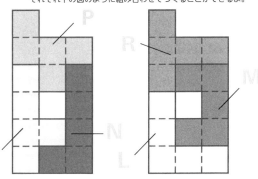

22 ページ

16 フェイク

右上の1マスとび出した部分にSが入ることに気づけると、ほかの2つのキューブが決まる。よってフェイクはIとなる。

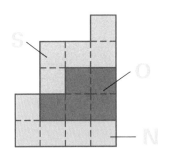

23 ページ

17 シルエット

Lは、右の図の位置にしか置くことができない。それがわかると、残りのキューブのならべかたが決まるよ。

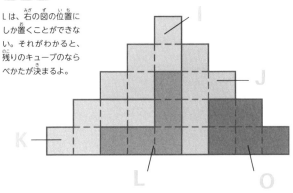

24 ページ

4

18 いらないマス

25 ページ

こたえ

いちばん下の6マスをうめたあと、②または③のマスが空くように、それぞれキューブをならべようとしても、ならべることはできない。よって、こたえは①に決まるよ。

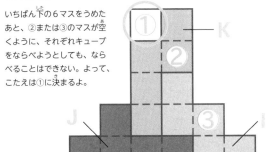

19 ふたご

26 ページ

こたえ

「見本」の形は、JとKとO、MとRとSを、それぞれ下の図のように組み合わせてつくることができるよ。左下の部分を、1つはMで、もう1つはKとJでつくることに気づけたかがポイント。

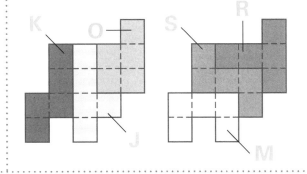

20 フェイク

27 ページ

こたえ

いちばん上の1マスとび出した部分にはNが入るよ。Nの位置が決まると、残りのキューブのならべかたも決まるので、フェイクはPとなる。

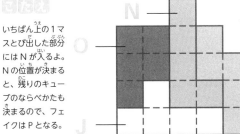

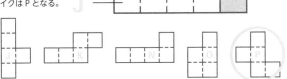

21 シルエット

28 ページ

こたえ

Lととなり合うヨコ2マスに注目！ここに、Nを右の図のように置くことができれば、残りのキューブのならべかたが決まるよ。NをはさむようにKとQをならべ、Rはヨコ向きに使うよ。

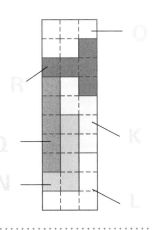

22 いらないマス

29 ページ

こたえ

いちばん下の6マスをうめると、①または③のマスが空くように、それぞれキューブをならべることできない。よって、こたえは②に決まるよ。

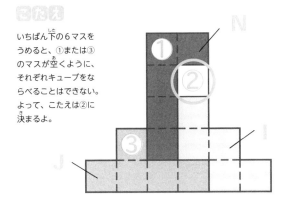

5

23 ふたご

30 ページ

Mは、Kとしか組み合わせることができないことに気づけるかがポイント。JとNとR、KとMとOを、それぞれ下の図のように組み合わせてつくることができるよ。

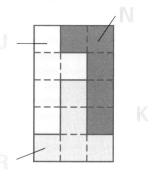
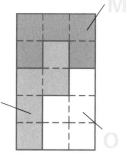

24 フェイク

31 ページ

いちばん上の1マスとび出した部分に入れることができるのは、Hだと気づけるかがポイント。そのあとに、左右にあるタテ2マスにはNが入らないことから、ほかの2つのならべかたが決まるので、フェイクはSとなる。

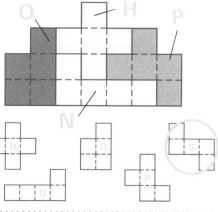

25 シルエット

32 ページ

上の部分の段差は、IとKを使ってつくることができる。左側の空きマスをMでつくれば、残りのキューブのならべかたが決まるよ。

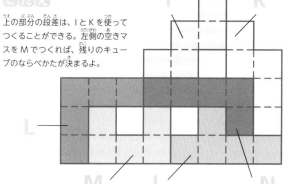

26 いらないマス

33 ページ

下の段には、Pが使えないことに気づけるかがポイント。いらないマスは②だよ。

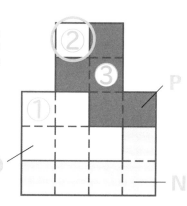

27 ふたご

34 ページ

まずはMを使って空きマスをつくることから考えよう。「見本」の形は、JとLとS、MとNとOを、それぞれ下の図のように組み合わせてつくることができるよ。

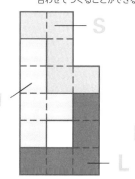
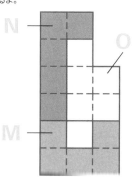

28 フェイク

35 ページ

HとMは、組み合わせて使うと「見本」の形をつくることができないことに気づけるかがポイント。フェイクはHとなる。

29 シルエット

36 ページ

LとQが指定の位置に入るので、右下にはPを置くことができる。その上に、Hを置けば、正解をみちびくことができるよ。

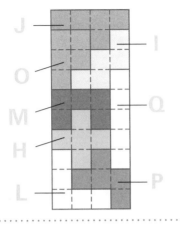

30 いらないマス

37 ページ

いちばん下の4マスには、Sが使えないことに気づけるかがポイント。いらないマスは①だよ。

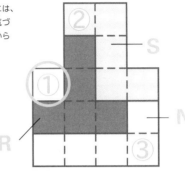

31 ふたご

38 ページ

いちばん上の1マスとび出した部分に、HとPがそれぞれ入ることに気づけるかがポイント。HとJとK、NとOとPを、それぞれ下の図のように組み合わせてつくることができるよ。

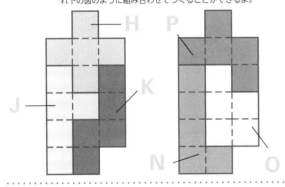

32 フェイク

39 ページ

いちばん上の2マスとび出した部分にNが入ることに気づけるかがポイント。すると、Lの位置が決まり、残りのキューブの位置も決まるので、フェイクはKとなる。

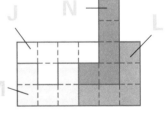

33 シルエット

40 ページ

まずは、9段の段差部分のならべかたを考えよう。この段差がつくれるキューブは、H、I、J、O。いちばん下の段差をIでつくることに気づくと、Rの位置も決まるよ。

7

34 しきつめ

42ページ

こたえ

いちばん上の1マスとび出した部分に注目して、キューブをさがせるかがポイント。IとKとMは、2つめをしきつめられないので、こたえはHだよ。

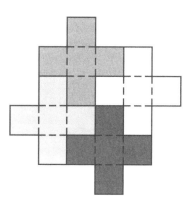

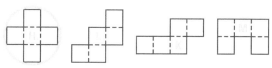

35 通り道

43ページ

こたえ

マルでかこんだ部分の空間がどう動くかを見ていこう。キューブを1周させると、右上に4マス分の空間ができるよ。さらに、キューブの形が、タテ・ヨコともに3マスあるので、まんなかにタテ・ヨコそれぞれ2マスの空間ができる。よって、こたえは③。

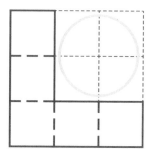

36 三つ子

44ページ

こたえ

上の段差をつくれるのは、JとK。また、5マスあるQは、いちばん右側にしか置けないよ。JとR、KとL、NとQを、それぞれ下の図のように組み合わせてつくることができるよ。

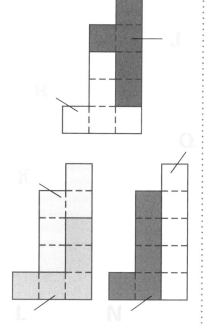

37 投影図

45ページ

こたえ

北2マスをつくれるのはNだと気づけるかがポイント。さらに、東と西に1マスずつあるキューブが、下3マスだとわかるとRになるね。こたえは、下の図のようになるよ。

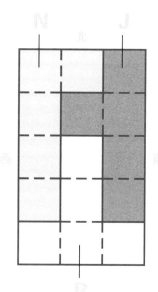

38 しきつめ

46ページ

こたえ

いちばん上の1マスとび出した部分に注目してキューブをさがせるかがポイント。JとNとSは、2つめをしきつめられないので、こたえはRだよ。

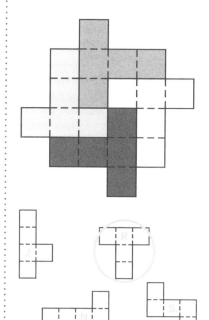

8

39 通り道

47ページ

こたえ

マルでかこんだ部分の空間がどう動くかを見ていこう。キューブを1周させると、四すみに1マス分の空間ができるよ。さらに、キューブの形が、タテ・ヨコともに3マスなので、まんなかにタテ・ヨコそれぞれ2マスの空間ができる。よって、こたえは②。

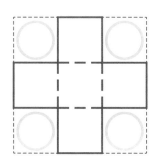

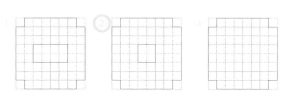

40 三つ子

48ページ

こたえ

左上の1マスとび出した部分に注目！　この部分をつくれるのは、KとOとSだけだよ。IとS、JとO、KとNを、それぞれ下の図のように組み合わせてつくることができるよ。

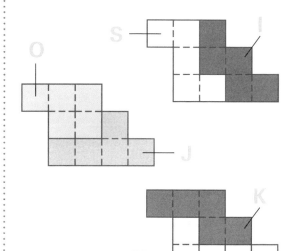

41 投影図

49ページ

こたえ

北3マス、東2マス、西1マスの形をつくれるキューブは O、東と西ともに2マスになるキューブは M だけだとわかるかがポイント。こたえは、下の図のようになるよ。

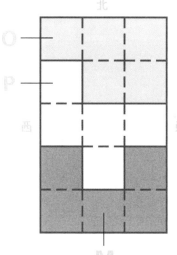

42 しきつめ

50ページ

こたえ

いちばん上の1マスとび出した部分に注目して、キューブをさがせるかがポイント。OとPとRはうまくしきつめられないので、こたえはSだよ。

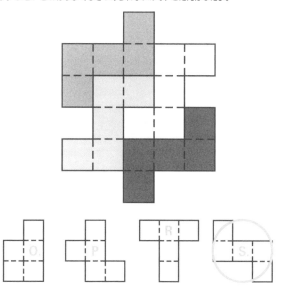

9

43 通り道

51 ページ

こたえ

マルでかこんだ部分の空間がどう動くかを見ていこう。キューブを1周させると、左側の上下のすみに1マス分、右上のすみに2マス分の空間ができるよ。さらに、キューブの形が、タテ・ヨコともに3マスなので、まんなかにタテ・ヨコそれぞれ2マスの空間ができる。よって、こたえは①。

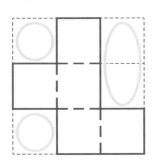

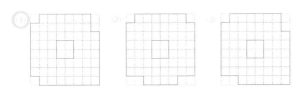

44 三つ子

52 ページ

こたえ

KとNはタテ向きに、Lは左すみにしか置けないことに気づけるかがポイント。KとN、LとS、MとOを、それぞれ下の図のように組み合わせてつくることができるよ。

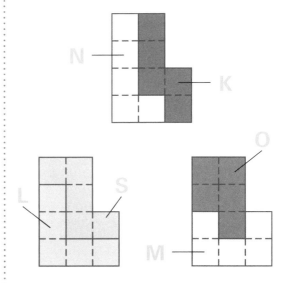

45 投影図

53 ページ

こたえ

北4マス、東と西1マスの形をつくれるキューブはJだけだとわかるかがポイント。Jの位置が決まると、東4マスのところに入るキューブがNに決まり、こたえは、下の図のようになるよ。

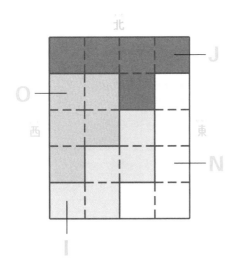

46 しきつめ

54 ページ

こたえ

いちばん上に2マス、左側に1マスとび出した部分に注目して、キューブをさがせるかがポイント。JとKとOはうまくしきつめられないので、こたえはPだよ。

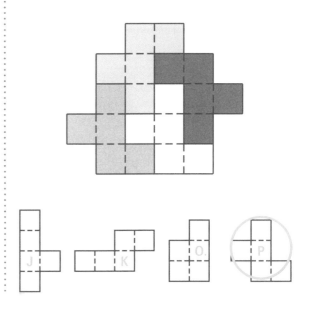

47 通り道 55 ページ

こたえ

マルでかこんだ部分の空間がどう動くかを見ていこう。キューブを１周させると、右下に２マス分、右上に１マス分の空間ができるよ。さらに、キューブの形がタテ４マスなので、まんなかに空間はできない。よって、こたえは①。

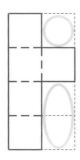

48 三つ子 56 ページ

こたえ

タテ４マスのキューブから、ならべかたを考えよう。Ｋはヨコに使うのがポイント。ＪとＮ、ＫとＯ、ＲとＳを、それぞれ下の図のように組み合わせてつくることができるよ。

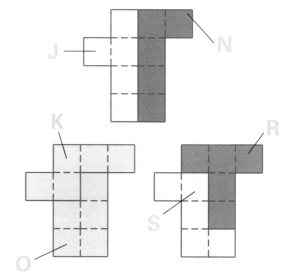

49 投影図 57 ページ

こたえ

北と西それぞれ３マスの形がつくれるキューブはＬだけ。また、東と西に同じ色があることから、そこにはヨコ４マスのキューブが入ることがわかるので、Ｎに決まる。さらに、北１マス、東３マスの部分は、Ｏを入れると残りのＲが入らなくなるので、Ｒが入ることがわかる。こたえは、下の図のようになるよ。

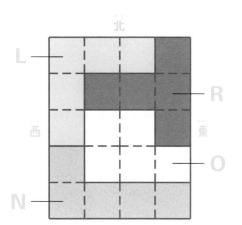

50 しきつめ 58 ページ

こたえ

ＫとＬとＭは、わくの中に１つ置くと、どれも２つめをしきつめることができないよ。よって、こたえはＮだよ。

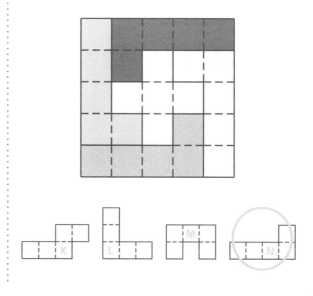

11

51 通り道

59ページ

こたえ

マルでかこんだ部分の空間がどう動くかを見ていこう。キューブを1周させると、左上に1マス分、右下に2マス分の空間ができるよ。さらに、キューブの形がタテ4マスなので、まんなかに空間はできないよ。よって、こたえは③。

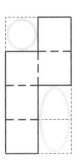

52 三つ子

60ページ

こたえ

HとIとKは、左上の段差部分に入るよ。HとM、NとN、IとJとO、KとLとSを、それぞれ下の図のように組み合わせてつくることができるよ。

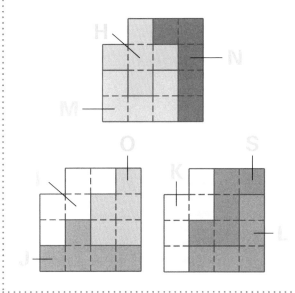

53 投影図

61ページ

こたえ

東に5マスのキューブがあることから、ここにはQが入ることがわかるよ。「見本」で位置が指定されているJは、Nと組み合わせることができるね。こたえは、下の図のようになるよ。

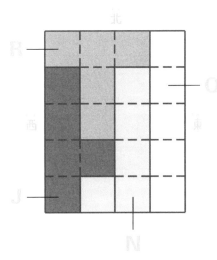

54 しきつめ

62ページ

こたえ

こまかい段差がたくさんある「見本」の形に注目！　このような段差は、HとOとPではつくることができないので、こたえはIだよ。

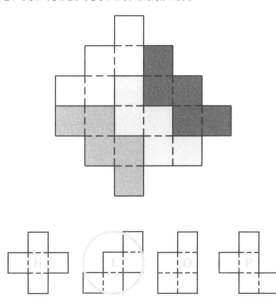

55 通り道

こたえ

マルでかこんだ部分の空間がどう動くかを見ていこう。キューブを1周させると、左下に1マス分、右上に3マス分の空間ができるよ。さらに、キューブの形がタテ・ヨコともに3マスなので、まんなかにタテ・ヨコそれぞれ2マスの空間ができる。よって、こたえは③。

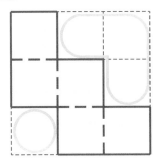

56 三つ子

こたえ

Lを左はじに、Qを右はじに置くことに気づけるかがポイント。JとKとR、LとOとS、MとNとQを、それぞれ下の図のように組み合わせてつくることができるよ。

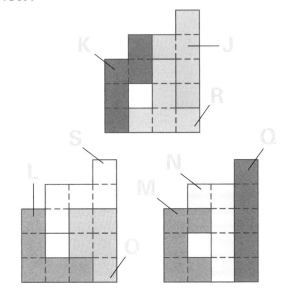

57 投影図

こたえ

北3マス、西2マスのキューブがあることから、ここにはOが入ることがわかるよ。Oの位置が決まると、北1マス、東2マスの部分にはIしか入れられなくなり、「見本」の指定位置にLが入るので、残りのRの位置も決まるね。こたえは、下の図のようになるよ。

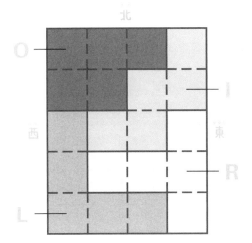

58 しきつめ

こたえ

空きマスにはさまれた1マスとび出した部分に注目して、キューブをさがせるかがポイント。IとKとNは、この部分にうまくしきつめられないので、こたえはJだよ。

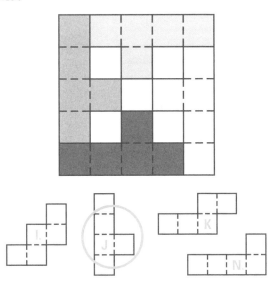

13

59 通り道

67ページ

マルでかこんだ空間がどう動くかを見ていこう。キューブを1周させると、外側には空間はできないよ。キューブの形が、タテ3マス、ヨコ2マスなので、まんなかにはタテ2マス、ヨコ4マスの空間ができる。よって、こたえは②。

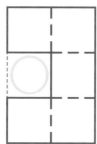

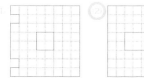

60 三つ子

68ページ

Qはタテ5マスのはじに、Iは空きマスの上にしか置けないことに気づけるかがポイント。IとLとP、JとNとQ、KとMとOを、それぞれ下の図のように組み合わせてつくることができるよ。

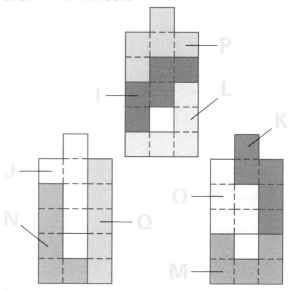

61 投影図

69ページ

北3マス、西3マスの形がつくれるのは、Lだとわかるかがポイント。また、北2マス、東1マスの形がつくれるのは、KかPのどちらか。Pを入れると、右側にKしか入れることができず、東2マスの形がつくれないので、Kが入ることがわかるね。こたえは、下の図のようになるよ。

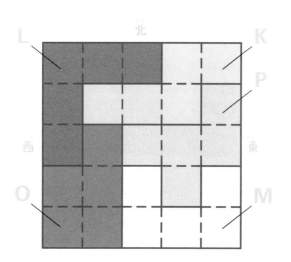

62 しきつめ

70ページ

左上と右下の1マスとび出した部分に注目して、キューブをさがせるかがポイント。KとOとPは、うまくしきつめられないので、こたえはLだよ。

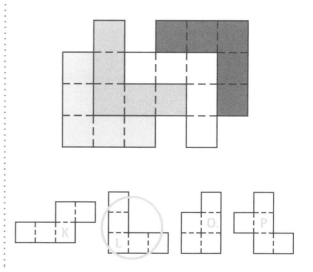

14

63 通り道

71 ページ

こたえ

マルでかこんだ空間がどう動くかを見ていこう。キューブを1周させると、右下に1マス分の空間ができる。さらに、キューブの形が、タテ3マス、ヨコ2マスなので、まんなかにもタテ2マス、ヨコ4マスの空間ができるよ。よって、こたえは③。

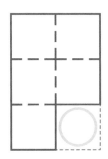

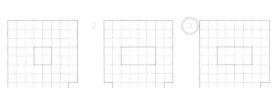

③

64 三つ子

72 ページ

こたえ

Qを左はじに、Lをそのとなりに置くと、Sが決まり、1つめができる。残りは、上に1マスとび出した部分に注目して、JとKとR、MとNとPを、それぞれ下の図のように組み合わせてつくることができるよ。

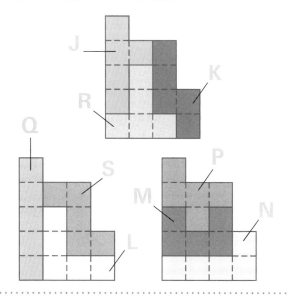

65 投影図

73 ページ

こたえ

北1マス、西5マスの形がつくれるのはQだけ。さらに、北1マス、東2マスの部分には、Iが入ることもわかるね。「見本」の指定位置にLが入るので、残りのOとRの位置も決まり、こたえは下の図のようになるよ。

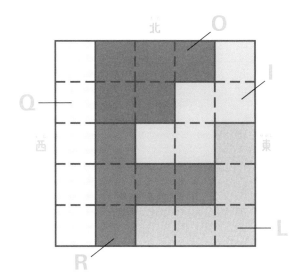

66 しきつめ

74 ページ

こたえ

凹凸が少ない形に注目して、キューブをさがせるかがポイント。JとKとSはうまくしきつめられないので、こたえはOだよ。

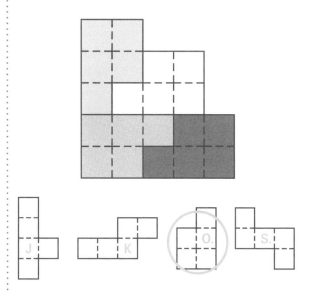

15